Elektrische Widerstandserwärmung von Blechwerkstoffen zur Steigerung der Umformbarkeit

Electrical Resistance Heating of Sheet Metal to Increase the Formability

Von der Fakultät für Maschinenwesen
der Rheinisch-Westfälischen Technischen Hochschule Aachen
zur Erlangung des akademischen Grades eines
Doktors der Ingenieurwissenschaften
genehmigte Dissertation

vorgelegt von

Clemens David Müller

Berichter/in:

Univ.-Prof. Dr.-Ing. Christian Brecher
Univ.-Prof. Dr.-Ing. Dr.-Ing. E. h. Dr. h. c. Dr. h. c. Fritz Klocke

Tag der mündlichen Prüfung: 06. Juli 2023

ERGEBNISSE AUS DER PRODUKTIONSTECHNIK

Clemens Müller

Elektrische Widerstandserwärmung von Blechwerkstoffen zur Steigerung der Umformbarkeit

Herausgeber:
Prof. Dr.-Ing. T. Bergs
Prof. Dr.-Ing. Dipl.-Wirt. Ing. G. Schuh
Prof. Dr.-Ing. C. Brecher
Prof. Dr.-Ing. R. H. Schmitt

Band 27/2023

WZL | RWTH AACHEN UNIVERSITY

Fraunhofer IPT

Bibliografische Information der Deutschen Nationalbibliothek
Die Deutsche Nationalbibliothek verzeichnet diese Publikation in der Deutschen Nationalbibliografie; detaillierte bibliografische Daten sind im Internet über https://portal.dnb.de abrufbar.

Clemens Müller:

Elektrische Widerstandserwärmung von Blechwerkstoffen zur Steigerung der Umformbarkeit

1. Auflage, 2023

Gedruckt auf holz- und säurefreiem Papier, 100% chlorfrei gebleicht.

Wissenschaftsverlag des Instituts für Industriekommunikation und Fachmedien an der RWTH Aachen
Steinbachstr. 25, 52074 Aachen
Internet: www.apprimus-verlag.de, E-Mail: info@apprimus-verlag.de

Druck: CPI Druckdienstleistungen GmbH
Ferdinand-Jühlke-Straße 7 | 99095 Erfurt

ISBN 978-3-98555-175-0

D 82 (Diss. RWTH Aachen University, 2023)

Vorwort

Die vorliegende Arbeit entstand während meiner Tätigkeit als wissenschaftlicher Mitarbeiter und Geschäftsfeldleiter am Fraunhofer-Institut für Produktionstechnologie IPT in Aachen.

Für die Betreuung dieser Dissertation, für das entgegengebrachte Vertrauen und die fachliche Unterstützung danke ich meinem Doktorvater, Herrn Prof. Dr.-Ing. Christian Brecher. Ebenfalls danken möchte ich Herrn Prof. Dr.-Ing. Dr.-Ing. E. h. Dr. h. c. Dr. h. c. Fritz Klocke für die Übernahme des Koreferats, die detaillierte Durchsicht und die wertvollen Anregungen zu dieser Dissertation. Mein weiterer Dank gilt Herrn Prof. Dr.-Ing. Christian Hopmann für den Prüfungsvorsitz und Herrn apl. Prof. Dr. Ralf Schelenz für den Prüfungsbeisitz.

Herrn Dr.-Ing. Henning Janssen danke ich für die gute Zusammenarbeit während meiner gesamten Zeit am Fraunhofer IPT, den fachlichen Austausch und die Begleitung während des Promotionsprozesses. Den Mitarbeiterinnen und Mitarbeitern des Fraunhofer IPT möchte ich meinen Dank aussprechen für die stets engagierte, motivierende und freundschaftliche Zusammenarbeit. Insbesondere möchte ich meinem langjährigen Bürokollegen Tobias Schmid für die gemeinsamen Diskussionen und die gegenseitige Unterstützung während der Erarbeitung der Dissertation herzlich danken. In den gemeinsamen Arbeitsstunden ist ein Großteil dieser Dissertation entstanden. Mein Dank gilt weiterhin meinen ehemaligen Kollegen Florian Hüsing und Dennis Meelkop für den wissenschaftlich fundierten Austausch und die inhaltlichen Anregungen sowie Toni Voebel für die freundschaftliche und lehrreiche gemeinsame Zeit.

Besonders danken möchte ich meinen Eltern, die mich vor und während meines Studiums sowie der Promotion uneingeschränkt unterstützt und mir meinen Lebensweg ermöglicht haben.

Schließlich gilt mein größter Dank meiner Frau Anne, die mich während der gesamten Promotion mit großem Verständnis unterstützt hat, mir an zahlreichen Feierabenden, Wochenenden und Urlaubstagen den Rücken freigehalten und mich immer wieder motiviert hat. Danke für dein großes Verständnis und deine andauernde Unterstützung. Ohne dich wäre die Arbeit in dieser Form nicht möglich gewesen.

Wermelskirchen, im September 2023 Clemens Müller

Zusammenfassung

Der vermehrte Einsatz hochfester Stähle in der Mobilität sowie die Nutzung elektrischer Antriebe stellen wesentliche Maßnahmen zur Reduktion von Emissionen dar. Aufgrund der Materialeigenschaften lassen sich nur begrenzte Umformgrade und Bauteilgeometrien herstellen. Zu deren Erweiterung wird in dieser Arbeit die elektrische Widerstandserwärmung für die Bearbeitung von Blechbauteilen am Beispiel hochfester Bleche und metallischer Bipolarplatten für Brennstoffzellen entwickelt.

Die Warmumformung hat sich für die Bearbeitung von Blechwerkstoffen als Verfahren für hohe Umformgrade etabliert, jedoch ist die Erwärmung nach Stand der Technik mit einer langen Prozessdauer verbunden. Es besteht Entwicklungsbedarf für innovative Technologien zur schnellen und energieeffizienten Erwärmung von Blechbauteilen, die zur wirtschaftlichen Fertigung in Hochvolumenprozesse integrierbar sind. Das grundsätzliche Potenzial der elektrischen Widerstandserwärmung, Bleche lokal in kurzer Zeitdauer zu erwärmen, wird in einer analytischen Berechnung sowie numerischen Simulation überprüft. In Abhängigkeit vom Erwärmungsstrom lässt sich der Blechwerkstoff demnach in unter einer Sekunde bis zur Schmelztemperatur erwärmen, sodass die Eignung der Technologie nachgewiesen wird.

Zur experimentellen Validierung wird darauf aufbauend ein Grundlagenprüfstand entwickelt, mit dem die gekoppelte thermo-mechanische Bearbeitung erfolgt. Die Optimierung der Qualität von Schnittflächen und die Erweiterung des rissfrei formbaren Aspektverhältnisses beim Kragenziehen wird anhand optischer Verfahren bewertet und nachgewiesen. Nach der Erbringung des Machbarkeitsnachweises der Technologie wird die Widerstandserwärmung als Modul in ein Folgeverbundwerkzeug integriert. Unter industrienahen Fertigungsbedingungen wird die Erweiterung des Umformgrades durch die lokale Erwärmung am Beispiel des Kragenziehens bestätigt. Mikrohärteprüfungen und metallografische Analysen lassen erkennen, dass der Prozess so umgesetzt werden kann, dass keine ungewollte Härtesteigerung durch die Erwärmung und anschließende Abkühlung im Werkzeugkontakt erfolgt.

Zur weiteren technologischen Bewertung wird das Verfahren auf andere Werkstoffe, Blechstärken und Erwärmungsgeometrien in Form von metallischen Bipolarplatten für Brennstoffzellenanwendungen übertragen. Durch größere Kanaltiefen und optimierte Geometrieverhältnisse im Strömungskanal kann eine höhere Effizienz im Betrieb der Brennstoffzellen erreicht werden. Zur Validierung der Eignung des Verfahrens wird ein Prüfstand bestehend aus einer Erwärmungseinheit und einer Presse aufgebaut und die Machbarkeit erfolgreich demonstriert. Sowohl für die einstufige Warmumformung als auch einen mehrstufigen Prozess mit Zwischenglühen lassen sich größere Kanaltiefen für Edelstahlplatten rissfrei herstellen.

Mit den erreichten Ergebnissen werden die beiden Forschungsfragen nach einer höheren Bauteilqualität und erweiterten Umformgraden bei hochfesten Werkstoffen sowie einer Vergrößerung der rissfrei formbaren Kanaltiefe bei metallischen Bipolarplatten erfolgreich beantwortet.

Summary

The increased utilization of high strength steel sheets in mobile applications as well as the use of electric drives are crucial measures for the reduction of emissions. The material characteristics lead to limited degrees of deformation and geometries of the parts. To extend these limitations, electrical resistance heating for processing sheet metals is developed in this thesis, taking high strength steel sheets and metallic bipolar plates for fuel cells as examples.

Hot forming is established as a technology for the processing of sheet metals with high requirements for the degree of deformation. According to the current state of the art, heating is associated with long process durations. There is a clear need for innovative technologies for the rapid and energy-efficient heating of sheet metals, which can be integrated into high volume production processes for economic manufacturing. The general potential of electrical resistance heating to heat sheet metals locally in a short process time is analyzed in analytical calculations and numerical simulations. Results show, that depending on the electrical current, sheets can be heated up to their melting temperature in less than a second. This proves the general suitability of the technology.

For the experimental validation, a lab test bench is developed on the basis of the predicted process parameters from the simulation. This test bench enables the coupled thermal-mechanical processing. By optical inspection methods, the optimization of cutting surfaces and the extension of the formable aspect ratio in flange forming is successfully demonstrated. After the proof of concept with the lab test bench, the technology of electrical resistance heating is integrated into a module of a progressive die tool. Higher degrees of deformation are confirmed with the local heating in flange forming under near-series production conditions. Micro hardness measurements and metallographic analysis give proof that the process can be developed in a way, that no increase of hardness is caused by the heating and subsequent cooling during tool contact.

For further evaluation of the heating technology, electrical resistance heating is transferred to additional materials, sheet thicknesses and heating geometries in form of metallic bipolar plates for fuel cell applications. Larger channel depths and optimized geometrical ratios in the flow field allow improved system efficiency. For the validation of the suitability of this heating technology, a lab test bench is developed, which combines a heating unit with a press and successfully demonstrates the feasibility. For single-stage hot forming as well as two-stage forming with intermediate annealing, an increase in the formable channel depth without cracks is realized for stainless steel plates.

Both research questions that are raised about the optimized cutting quality and enlarged degree of deformation for high strength steels as well as deeper flowfield channels in metallic bipolar plates are successfully answered with the presented results in this thesis.

Inhaltsverzeichnis

Content

Abkürzungsverzeichnis

Abbreviations

AHSS	Weiterentwickelter, hochfester Stahl (engl.: advanced high strength steel)
BPP	Bipolarplatte
CP-Stahl	Komplexphasenstahl (engl.: complex phase steel)
DoE	Energieministerium der Vereinigten Staaten (engl.: Department of Energy, USA)
DGL	Differentialgleichung
DP-Stahl	Dualphasenstahl (engl.: dual phase steel)
FEA	Finite-Elemente-Analyse
FEM	Finite-Elemente-Methode
GDL	Gasdiffusionsschicht (engl: gas diffusion layer)
HAZ	Wärmeeinflusszone (engl.: heat-affected zone)
HMI	Mensch-Maschine-Schnittstelle (engl.: human-machine interface)
HSS	Hochfester Stahl (engl.: high strength steel)
krz	Kubisch raumzentriert
kfz	Kubisch flächenzentriert
MEA	Membran-Elektrolyt-Einheit (engl.: membrane electrode assembly)
OEM	Originalgerätehersteller (engl.: original equipment manufacturer)
OT	Oberer Totpunkt
PEM	Polymerelektrolytmembran (engl.: proton exchange membrane)
RT	Raumtemperatur
spm	Hubzahl (engl.: strokes per minute)
TRIP-Stahl	Stähle mit umwandlungsbewirkter Plastizität (engl.: transformation induced plasticity steel)
TRL	Technologie-Reifegrad (engl.: technology readiness level)
UT	Unterer Totpunkt
WEZ	Wärmeeinflusszone
ZTA	Zeit-Temperatur-Austenitisierungsdiagramm
ZTU	Zeit-Temperatur-Umwandlungsdiagramm

Formelzeichen

Formula Symbols

Lateinische Großbuchstaben

A	m^2	Fläche
A_{80}	%	Bruchdehnung
Bi	-	Biot-Zahl
E	V	Elektrisches Potenzial einer Brennstoffzelle
ECC	S/m	Elektrische Leitfähigkeit zwischen Kontaktoberflächen (engl.: electrical contact conductance)
F	As/mol	Faraday-Konstante
F_C	N	Kontaktkraft
$F_{C,max}$	N	Maximale Kontaktkraft
F_F	N	Umformkraft
F_{Max}	N	Maximalkraft
G_r	-	Grashof-Zahl
ΔG	J/mol	Freie Gibbs-Energie
I	A	Stromstärke
J	A/m^2	Elektrische Stromdichte
L	mm	Länge
N_u	-	Nußelt-Zahl
N_{u_korr}	-	Korrigierte Nußelt-Zahl
P	W	Elektrische Leistung
P_{max}	W	Maximale elektrische Leistung
P_r	-	Prandtl-Zahl
Q_{el}	Ws	Wärmemenge
$\dot{Q}$	W	Wärmestrom
$\dot{Q}_K$	W	Konvektionswärmestrom
$\dot{Q}_L$	W	Wärmeleitung
$\dot{Q}_S$	W	Wärmestrahlung
R	Ω	Elektrischer Widerstand

R_a	-	Mittenrauwert
R_{ay}	-	Rayleigh-Zahl
R_K	Ω	Elektrischer Kontaktwiderstand
R_M	MPa	Zugfestigkeit
T	K	Temperatur
T_{max}	[°C]	Maximaltemperatur
T_S	K	Schmelztemperatur
TCC	W/(mK)	Thermische Leitfähigkeit zwischen Kontaktoberflächen (engl.: thermal contact conductance)
ΔT	K	Temperaturdifferenz

Lateinische Kleinbuchstaben

a	-	Durchschnittlicher Radius von Rauheitsspitzen
b_K	mm	Breite des Kanals einer Bipolarplatte
$b_{K'}$	mm	Breite der Kanalnut im Werkzeug für eine Bipolarplatte
b_S	mm	Breite des Stegs einer Bipolarplatte
$b_{S'}$	mm	Breite der Stegnut im Werkzeug für eine Bipolarplatte
c	kJ/(kgK)	Spezifische Wärmekapazität
d	mm	Durchmesser
d_1	mm	Vorlochdurchmesser
d_2	mm	Krageninnendurchmesser
d_E	mm	Elektrodendurchmesser
d_{EK}	mm	Durchmesser des Kontaktbereichs bei kreisförmiger Elektrode
d_K	mm	Kanaltiefe einer Bipolarplatte
d_{K1}	mm	Kanaltiefe nach der ersten Umformstufe
d_{K2}	mm	Kanaltiefe nach der zweiten Umformstufe
d_L	mm	Durchmesser des Laserstrahls
e	%	Schnittspalt
g	m/s^2	Erdbeschleunigung
h_K	mm	Kragenhöhe
k	$J/(sm^2K)$	Spaltleitwert

l	mm	Länge
m	kg	Masse
n	-	Anzahl in Kontakt befindlicher Rauheitsspitzen
n_e	-	Anzahl Elektronen in chemischer Reaktion
$\dot{q}$	W/m^2	Wärmestromdichte
r	mm	Radius
r_K	mm	Radius am Kanalgrund einer Bipolarplatte
r_S	mm	Radius am Steg einer Bipolarplatte
s	mm	Blechdicke
s_1	mm	Blechdicke vor der Umformung
s_2	mm	Minimale Wandstärke des Kragens
t	s	Zeitdauer
t_E	s	Erwärmungsdauer
$t_{Erw,m}$	s	Maximal mögliche Erwärmungsdauer
$t_{Kontakt}$	s	Kontaktdauer
$t_{Vorschub}$	s	Dauer für den Vorschub des Blechs

Griechische Buchstaben

α	W/(m^{2}K)	Wärmeübergangskoeffizient
β	1/K	Wärmeausdehnungskoeffizient
δ	mm	Charakteristische Länge
δ_t	mm	Charakteristische Länge in Blechdickenrichtung
ε	-	Emissionsgrad
$\dot{\varepsilon}$	1/s	Dehnrate
ε_1	-	Hauptformänderung
ε_2	-	Nebenformänderung
ε_3	-	Dehnung in Dickenrichtung der Bipolarplatte
φ_A	V	Elektrisches Potenzial am Punkt A
φ_B	V	Elektrisches Potenzial am Punkt B
λ	W/(mK)	Wärmeleitfähigkeit
v	m^2/s	Kinematische Viskosität
ϕ	W/m^3	Volumetrische Quellstärke

ρ	kg/m^3	Dichte
σ	Ωm	Spezifischer elektrischer Widerstand
σ_1	Ωm	Spezifischer elektrischer Widerstand des ersten Kontaktwerkstoffs
σ_2	Ωm	Spezifischer elektrischer Widerstand des zweiten Kontaktwerkstoffs
σ_g	S/m^2	Elektrische Leitfähigkeit entlang einer Kontaktfläche
σ_n	N/mm^2	Normalspannungen
σ_r	N/mm^2	Radialspannungen
σ_S	W/(m^{2}K^4)	Stefan-Boltzmann-Konstante
σ_t	N/mm^2	Tangentialspannungen
Θ_A	K	Oberflächentemperatur am Punkt A
Θ_B	K	Oberflächentemperatur am Punkt B

1 Einleitung

Introduction

Hohe Schadstoffemissionen und Umweltbelastungen durch den Einsatz fossiler Brennstoffe erfordern Veränderungen bestehender Mobilitätskonzepte. Der Verkehrssektor war 2020 für über 19 % der deutschlandweiten Treibhausgasemissionen verantwortlich [UMWE21]. Politische Zielvorgaben für Emissionen im Transportwesen erfordern technische Lösungen für eine nachhaltige Mobilität sowie für die energieeffiziente Produktion von Fahrzeugen und deren Komponenten. In der Mobilitätsbranche ist ein anhaltender Trend zum Leichtbau zu beobachten. Durch die verringerte zu bewegende Masse wird weniger Energie im Betrieb der Fahrzeuge benötigt. Leichtbau stellt dabei durch den Einsatz optimierter Werkstoffe eine vielversprechende Maßnahme dar. Durch hochfeste Werkstoffe können geringere Bauteildicken bei gleichen oder verbesserten Festigkeitseigenschaften erzielt werden. Im Bereich der Antriebstechnologien werden gleichzeitig mit batterie- und wasserstoffbetriebenen Fahrzeugen alternative Konzepte entwickelt und am Markt angeboten.

Hochfeste Stähle finden im Automobilbau zum Beispiel im Bereich der Sitzstrukturen, B-Säulen, Querlenker und weiterer Bauteile des Fahrwerks sowie der Karosserie Anwendung [GANZ09; KLIG17; SCHM18a; TAKA15; THYS14]. Beispielsweise konnte Arcelor Mittal durch den Einsatz hochfester Stähle im Chassis eines Sattelaufliegers eine Reduktion des Fahrwerksgewichts um 39 % erreichen [STEP14, S. 26]. Diese Gewichtsreduktionen werden durch werkstoffseitige Entwicklungen von Stahlsorten in Richtung steigender Festigkeiten ermöglicht, wie z. B. bei Dualphasen- oder Restaustenitstählen. Der Einsatz hochfester Stähle hängt maßgeblich von den Produktionsverfahren ab, an die hohe Anforderungen hinsichtlich der Qualität und Wirtschaftlichkeit gestellt werden. Die geforderte Bauteilqualität und geometrische Bauteilkomplexität können bei einer konventionellen Bearbeitung aufgrund der geringen Bruchdehnung von hochfesten Stählen häufig nicht erreicht werden [GLÄS15]. Die Umformbarkeit der Stähle steigert sich bei erhöhter Temperatur, wodurch sich Verfahren der Warmumformung wie das Presshärten mit einer Erwärmung im Ofen für die Bearbeitung dieser Werkstoffe etabliert haben [KLIG17]. Dabei wird das gesamte Bauteil erwärmt, sodass viel Energie für die thermische Behandlung benötigt wird und höhere Kosten durch verlängerte Bearbeitungszeiten entstehen. In Stanz-Biege-Prozessen ermöglicht z. B. die laserunterstützte Blechbearbeitung als alternatives Verfahren zur Ofenerwärmung die Bearbeitung hochfester Stähle im Folgeverbundwerkzeug durch eine lokale Erwärmung mittels Laserstrahlung. Durch die Erwärmung lassen sich eine optimierte Schnittqualität sowie ein höherer Umformgrad an den Bauteilen erzielen [SCHM18b; STOR21].

Hohe Umformgrade sind auch bei der Herstellung von Bipolarplatten (BPP) für wasserstoffbetriebene Brennstoffzellen-Fahrzeuge relevant. Die Umformung von BPP, die bezogen auf die Masse und die Herstellungskosten einer Brennstoffzelle eine bedeutende Komponente darstellen, geschieht überwiegend in mehrstufigen Tief- oder einstufigen Hydroforming-Prozessen. Als Grundmaterial werden austenitische Edelstähle wie 1.4404 sowie Titanwerkstoffe in Blechdicken von 0,05 bis 0,1 mm eingesetzt, um hohe Leistungsdichten zu erreichen. Aufgrund der Kombination aus geringer Blechstärke und hohem Umformgrad sind die Umformtiefen durch konventionelle Prozesse begrenzt [HU14; LIU10]. Die herstellbaren Kanalgeometrien limitieren die Verteilung von Reaktionsmedien im Betrieb und damit die Leistungsdichte sowie den Wirkungsgrad der Brennstoffzellen.

Dieses Dissertationsvorhaben setzt sich mit der Optimierung von umformenden Bearbeitungsprozessen für Stahlbleche durch lokale Widerstandserwärmung mittels elektrischen Stroms, im Folgenden auch konduktive Erwärmung genannt, auseinander. Der Schwerpunkt liegt auf der Bearbeitung hochfester Stähle. Zusätzlich wird am Beispiel der metallischen BPP die Eignung der elektrischen Widerstandserwärmung für die erweiterte Umformung dünner Stahlbleche untersucht. Durch die thermische Behandlung sollen die Prozesskräfte reduziert und die Umformbarkeit erweitert werden.

Zu diesem Ziel wird zunächst der Stand der Technik mit dem Schwerpunkt auf Umformung und Erwärmungstechnologien aufbereitet, auf dem die Inhalte dieser Arbeit und die definierten Forschungsfragen aufgebaut werden. Um die Randbedingungen und Prozessparameter des zu entwickelnden Verfahrens abschätzen zu können, folgt eine Auslegung des Erwärmungsprozesses für hochfeste Bleche, die sowohl analytisch als auch in Form einer numerischen Simulation durchgeführt wird. Zur Validierung der Ergebnisse soll ein Prüfstand entwickelt und aufgebaut werden, mit dem eine experimentelle Prozessentwicklung möglich ist.

Da der produzierten Stückzahl eine wesentliche Rolle für die Wirtschaftlichkeit in der Blechbearbeitung zukommt, soll die Technologie nach dem Machbarkeitsnachweis in einen Produktionsprozess nach industriellen Standards überführt werden. Dazu wird der Aufbau eines Folgeverbundwerkzeugs angestrebt, in das die Technologie der Erwärmung mechanisch sowie steuerungstechnisch integriert werden kann. Die industrielle Einsatzfähigkeit soll auf einer Servopresse im getakteten Erwärmungs- und Umformprozess nachgewiesen werden.

In zusätzlichen experimentellen Untersuchungen wird die elektrische Widerstandserwärmung mit dem Umformen von metallischen BPP für Brennstoffzellen aus dünnem Stahlblech zu einem Warmumformprozess kombiniert. Durch die angestrebte Erweiterung der Umformbarkeit können geometrische Strukturen der BPP gefertigt werden, die eine höhere Effizienz des Brennstoffzellensystems ermöglichen. Mit diesem weiteren Anwendungsgebiet soll die Eignung der elektrischen Widerstandserwärmung für ein breites Spektrum bezüglich der Bauteile in unterschiedlichen Blechstärken und Größen demonstriert und validiert werden.

Introduction

Constant emissions and increasing environmental pollution due to fossil fuels demand changes in existing mobility concepts. In 2020, the transport sector was responsible for more than 19 % of Germany's greenhouse gas emissions [UMWE21]. Political restrictions regarding these emissions require technical solutions for a sustainable mobility as well as energy efficient production of vehicles and their components. In the mobility sector, a persistent trend towards lightweight design can be observed. Less weight using optimized materials leads to reduced energy demand for the movement of vehicles and lightweight design is a promising measure. High strength steels allow a reduction of the material's thickness with similar or even better properties regarding strength. Future concepts are also developed for drive units. Battery and fuel cell driven vehicles enable a locally emission-free mobility and are offered in growing numbers on the market.

In automotive engineering, high strength steels are utilized for example for seat structures, B-pillars, wishbones and further parts of the chassis and the body in white [GANZ09; KLIG17; SCHM18a; TAKA15; THYS14]. As an example, Arcelor Mittal could reduce the weight of a semitrailer by 39 % using high strength steels in its chassis [STEP14, S. 26]. These weight reductions are possible due to developments of steels towards higher strengths, for example with dual phase or retained austenite steels. The production processes strongly influence the utilization of these materials, as they are facing high requirements in terms of quality and economic efficiency. Due to a limited elongation at break, the required parts' quality and geometrical complexity are often not reached with conventional process technologies [GLÄS15]. In general, the formability increases with higher temperatures, so technologies of hot forming with oven heating have established in processing high strength materials [KLIG17]. Applying these technologies, the entire part is usually heated which causes high energy consumption and high costs due to longer processing times. In punching and forming processes, laser assisted heating as an exemplary alternative to oven heating offers the possibility of processing high strength steels in progressive die tools applying local heating. After heating, optimized cut surface quality and higher degrees of deformation without cracks can be realized [SCHM18b].

High degrees of deformation are also relevant for the forming of metallic bipolar plates for hydrogen driven fuel cell vehicles. Bipolar plates are important components in terms of weight and manufacturing costs of fuel cell systems. They are formed in multi-stage stamping or single-stage hydroforming processes. Austenitic stainless steels as 1.4404 serve as base material as well as titanium with thicknesses between 0.05 and 0.1 mm to reach high power density. As a result of the combination of small sheet thickness and high degrees of deformation, the forming depth using conventional processes are limited [HU14; LIU10]. During operation, these channel geometries limit the distribution of reactants and as a result the efficiency of the fuel cell stack.

This thesis therefore deals with the optimization of forming processes for steel sheets using local resistance heating with electrical current, also referred as conductive heating. The focus is on processing high strength steels. Additionally, the suitability of electrical resistance heating for improving the forming of thin steel sheets is analyzed at the example of metallic bipolar plates. The thermal treatment is intended to reduce the process forces and enhance formability.

To this objective, the current state of the art is presented, focusing on forming processes and heating technologies. The state of the art is the basis for the further work in this thesis and the definition of research questions. It is followed by a theoretical process design for the heating of high strength steels, which is done analytically and in form of a numerical simulation. These results help to estimate the necessary boundary conditions and process parameters of the heating and forming process, which is to be developed. For the validation of the results, a test bench is built up, before a detailed process development is done experimentally.

As the produced number of parts is crucial for economic manufacturing, the technology will be demonstrated in an industrial production process after its feasibility is proven. Therefore, the development and operation of a progressive die tool is planned, including mechanical and control integration of electrical resistance heating. The industrial applicability is to be demonstrated in a servo press during an intermittent heating and forming process.

In additional experimental analysis, the electrical resistance heating is added to the forming of thin metallic bipolar plates for fuel cells. This results in a combined hot forming process. The targeted increased formability enables the manufacturing of geometrical structures of bipolar plates, that can lead to higher efficiency of the fuel cell system. With this further field of application, the suitability of electrical resistance heating is demonstrated and validated for parts of a wide range of applications, different thickness and parts' sizes.

2 Stand der Technik

State of the art

Für die Zielsetzung der vorliegenden Arbeit, die Entwicklung und Validierung der prozessintegrierten, elektrischen Widerstandserwärmung von Stahlblechen zur Verbesserung der Umformbarkeit, wird im folgenden Kapitel der aktuelle Stand der Technik aufbereitet.

Zunächst werden Produktionsverfahren in der Hochvolumen-Blechbearbeitung sowie die Eigenschaften und Einsatzbereiche hochfester Stähle beschrieben. Dabei stehen das Scherschneiden und Kragenziehen im Mittelpunkt, welche im weiteren Verlauf dieser Arbeit analysiert werden. Ein weiterer Schwerpunkt liegt auf der Darstellung unterschiedlicher Erwärmungstechnologien, insbesondere der elektrischen Widerstandserwärmung. Abschließend wird in diesem Kapitel ein Überblick über etablierte Herstellungsprozesse für die Umformung metallischer BPP gegeben.

2.1 Produktionsverfahren in der Blechbearbeitung

Production technologies for sheet metal working

Für die Produktion von Blechbauteilen in hohen Stückzahlen werden umformende sowie schneidende Bearbeitungsschritte überwiegend in Folgeverbundwerkzeugen oder Transferwerkzeugen in Pressensystemen durchgeführt. Der hohe Grad an Automatisierung und die Standzeiten der Werkzeuge ermöglichen eine wirtschaftliche Produktion mit geringen Stückkosten.

2.1.1 Scherschneiden

Shear cutting

Das Scherschneiden bezeichnet das »Zerteilen von Werkstücken durch zwei Schneiden, die sich aneinander vorbeibewegen« [DIN13b] und stellt in der Blechbearbeitung das am häufigsten eingesetzte Fertigungsverfahren dar [EMON10, S. 9]. Der Werkstoff wird in einem offenen oder geschlossenen Schnitt getrennt, wobei sowohl der ausgeschnittene als auch der beschnittene Bereich das Gutteil darstellen können. Laut DIN 8588 ist das Scherschneiden der Gruppe des Zerteilens zugeordnet (vgl. Bild 2.1) und ist innerhalb dieser Gruppe das Verfahren mit der größten industriellen Bedeutung. [DIET18, S. 4; DIN13b]

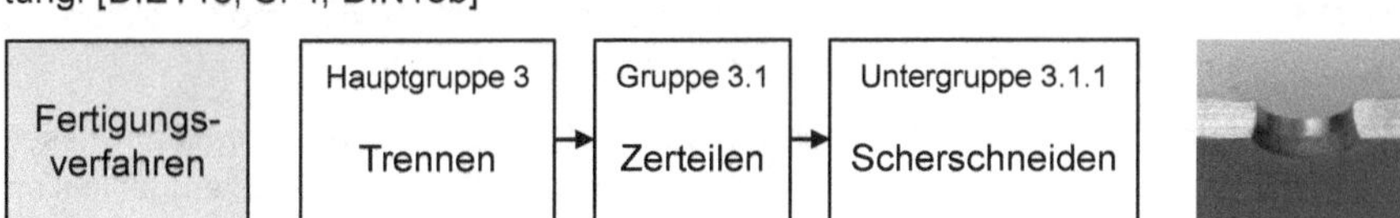

Bild 2.1: Einordnung des Fertigungsverfahrens Scherschneiden gemäß DIN 8588 [DIN13b]
Classification of the production process shear cutting according to DIN 8588

Das Scherschneiden wird in zahlreichen Industriezweigen eingesetzt. Neben dem Karosseriebau und der Automobilindustrie im Allgemeinen sind die Elektronikindustrie, die Feinmechanik- sowie die Haushaltsgeräteindustrie als wesentliche Anwendungsindustrien zu nennen [KLOC06, S. 450]. Beispiele für Anwendungen sind in Bild 2.2 gezeigt. Mit einem Jahresumsatz von ca. 91,8 Mrd. € im Jahr 2020 kommt der metallverarbeitenden Industrie in Deutschland, und damit den dort eingesetzten Technologien, eine große wirtschaftliche Bedeutung zu [BREI21].

Bild 2.2: Anwendungsbereiche für scherschneidende Fertigungsverfahren [AUDI22; DIEH22; DOME22; TRUM22]

Applications for shear cutting technology

Das Scherschneiden lässt sich in die folgenden Hauptprozessphasen unterteilen:

- 1. Phase: Elastische Verformung
- 2. Phase: Plastische Verformung
- 3. Phase: Rissbildung und Rissausbreitung

Bild 2.3 zeigt, wie der Schneidstempel auf das Blech auftrifft, womit die Phase der elastischen Verformung beginnt. Über die Stempelstirnfläche wird die Kraft vom Stempel auf das Blech übertragen, die zu einer elastischen Durchbiegung des Blechs im Bereich der Schneidmatrize führt.

Sobald die aufgebrachte Kraft das elastische Dehnungsvermögen des Blechs übersteigt, beginnt die Phase der plastischen Verformung, der sogenannte Fließprozess, während der Stempel in den Blechwerkstoff eindringt. Durch die plastische Verformung bildet sich der Kanteneinzug entlang der Schnittlinie des Stempels am Bauteilrand aus. Mit zunehmendem Schneidweg geht der Kanteneinzug entlang der Schnittfläche in den Bereich des Glattschnitts über. Die Haupteinflussgröße für den Glattschnittanteil ist das Formänderungsvermögen des Werkstück-Werkstoffs, welches in der Richtlinie VDI3137 definiert ist als die „Eigenschaft eines metallischen Werkstoffs, bleibende Formänderungen ohne Werkstofftrennung zu ertragen“ [VDI76].

Die Entstehung von Rissen im Blechwerkstoff aufgrund des Überschreitens dieses Formänderungsvermögens durch einen weiter eintauchenden Schneidstempel initiiert die dritte Phase, die Rissbildung und Rissausbreitung. Die Rissbildung geht von der Schneidkante der Matrize aus, wobei die Risse zwischen benachbarten Korngrenzen entstehen. Auch von der Schneidkante des Stempels gehen Risse aus, welche mit den entgegenkommenden Rissen zusammenlaufen. Dadurch liegt die charakteristische

Schnittfläche mit einem Glattschnittanteil und einem Bruchanteil, wie in Bild 2.3 dargestellt, vor. Im Fall eines zu klein gewählten Schnittspalts laufen die Risse aneinander vorbei und es entsteht ein Doppelbruch. [KLOC06, S. 450]

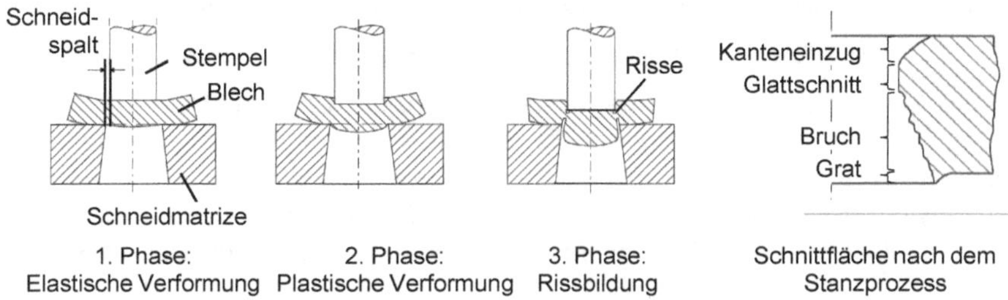

Bild 2.3: Unterschiedliche Phasen während des Scherschneidens und Schnittfläche nach dem Trennprozess [KLOC06]

Different phases during shear cutting and cut surface after the cutting process

Üblicherweise stellt ein großer Glattschnittanteil ein Qualitätsmerkmal dar, um die Schnittfläche ohne eine Nachbearbeitung als Funktionsfläche am Bauteil nutzen zu können. Kleine Schneidspalte begünstigen die Ausbildung eines großen Glattschnittanteils. Gleichzeitig nimmt die benötigte Schneidkraft bei kleinerem Schneidspalt und größer werdendem Glattschnittanteil zu. Da größere Werkzeugradien ebenfalls zu einem höheren Glattschnittanteil führen, steigt dieser Anteil mit zunehmendem Werkzeugverschleiß an [NOTH14]. In Abhängigkeit von der Anwendung kann auch ein geringer Glattschnittanteil gewünscht sein. Die plastische Verformung führt zu einer Kaltverfestigung an der Schnittfläche, die gezielt genutzt werden kann. Werden hinsichtlich des Glattschnittanteils oder der Formgenauigkeit höhere Anforderungen an die Bauteile gestellt, muss in einem zusätzlichen, üblicherweise spanenden Prozessschritt nachgearbeitet werden [EMON10, S. 10].

2.1.2 Kragenziehen

Flange forming

Beim Kragenziehen werden an ebenen sowie gewölbten Flächen in sich geschlossene Ränder in Bleche eingebracht. Dazu wird ein Vorloch gestanzt, welches mittels eines Durchzugstempels aufgerichtet wird. Mit dem anschließenden Schneiden eines Innengewindes in den Kragen wird dieses Fertigungsverfahren häufig zur Positionierung und Befestigung von Blechbauteilen eingesetzt. Darüber hinaus können Kragen genutzt werden, um Bolzen zur Montage von Bauteilen einzupressen [KLOC06, S. 355; STOR21, S. 7]. Nach DIN 8588 zählt das Kragenziehen zu den Zugdruckumformverfahren, s. Bild 2.4.

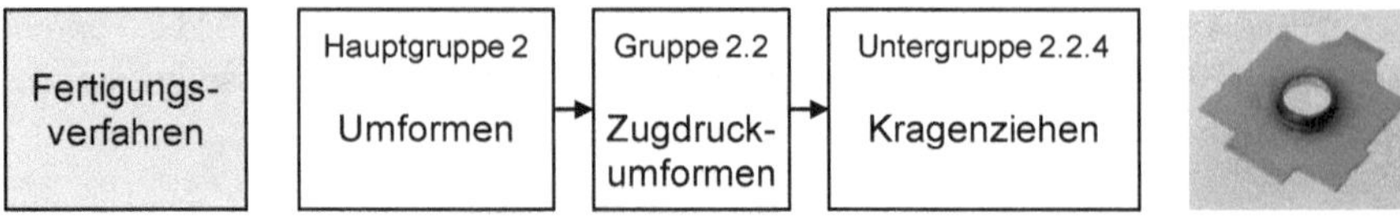

Bild 2.4: Einordnung des Fertigungsverfahrens Kragenziehen nach DIN 8588 [DIN13b]

Classification of the production process flange forming according to DIN 8588

In Bild 2.5 ist die Prozessabfolge für das Kragenziehen gezeigt. Das Vorloch weist einen geringeren Durchmesser auf als der spätere Krageninnendurchmesser. Zwischen Umformstempel und Ziehring wird der Kragen danach zentrisch über dem Vorloch als geschlossener Rand aufgestellt. Der Außendurchmesser des Kragens wird durch die Geometrie des Ziehrings, an den sich das umgeformte Blech anlegt, definiert. [GROC04; KLOC06, S. 356]

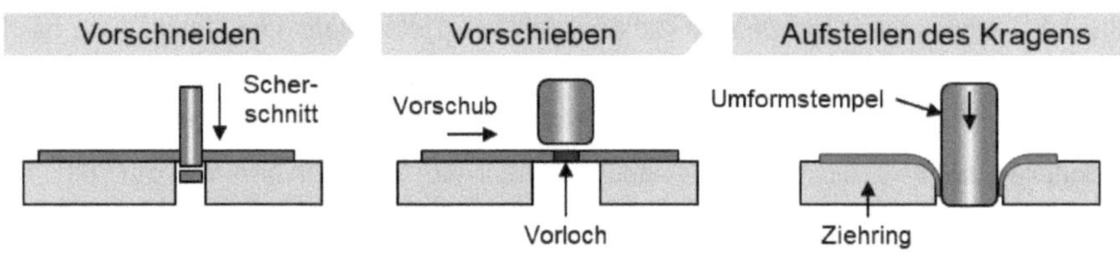

Bild 2.5: Prozessabfolge beim Kragenziehen

Process steps for flange forming

Als bevorzugte Ziehstempel-Form gilt der Traktrix-Stempel, bei dem der Ziehstempel während des gesamten Umformprozesses aufgrund seines Schleppkurvenprofils einen linienförmigen Kontakt zur Vorlochkante des Blechs aufweist. Auf diese Weise wird der Hebelarm maximiert und die Umformkraft auf ein Minimum reduziert [KLOC06]. Eine kostengünstigere Alternative stellen Ziehstempel mit halbkugelförmiger Spitze dar [GROC04].

Während der Umformung erfährt der Bereich des Bleches oberhalb der Matrizenöffnung radiale Zugspannungen, die zum Rand des Vorlochs hin abfallen und dort null betragen. Die Verformung führt mit der tangentialen Dehnung des aufzustellenden Kragens weiterhin zu tangentialen Zugspannungen in Umfangsrichtung. Zusätzlich erfährt das Material Druckspannungen durch die radiale Stauchung, welche betragsmäßig vergleichsweise gering ausfallen. Bedingt durch die Zugspannungen stellt sich eine Ausdünnung der Materialstärke ein, die mit zunehmender Kragenhöhe stärker ausfällt. Materialseitig ist ein duktiler Werkstoff mit hoher Zugfestigkeit vorteilhaft für eine große Kragenhöhe. Auf diese Art kann der Werkstoff den hohen Umformgraden ohne eine Rissbildung folgen und stellt für den Kragen eine ausreichende Festigkeit im Betrieb zur Verfügung. Da die werkstoffseitige Kombination dieser Eigenschaften herausfordernd ist, werden hauptsächlich weichere Werkstoffe eingesetzt. [GROC04; KLOC06]

Der Quotient von Krageninnendurchmesser zu Vorlochdurchmesser ist definiert als das Aufweitverhältnis, vgl. Bild 2.6. Das Grenzaufweitverhältnis stellt eine wichtige Kenngröße in der Auslegung und Bewertung von Kragen dar und definiert die maximal mögliche Formänderung zur rissfreien Herstellung eines Kragens. Als wesentliche Einflussparameter auf das Ziehergebnis und das Grenzaufweitverhältnis sind die folgenden vier Punkte zu nennen: Die Blechdicke, die Art der Vorlochherstellung, der Werkstoff des Werkstücks und die Geometrie des Stempels [GROC04].

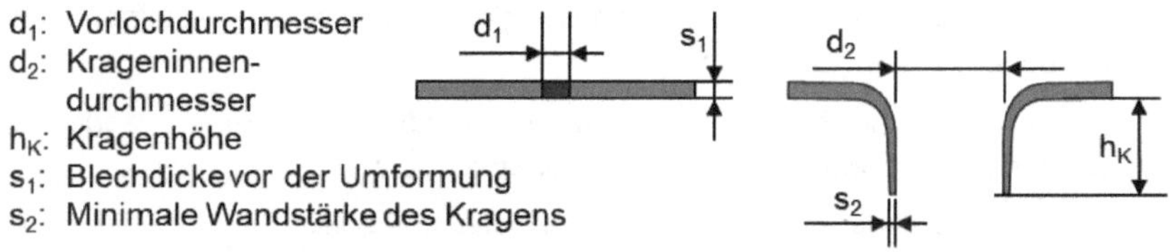

Bild 2.6: Geometrische Kenngrößen des Vorlochs und des aufgestellten Kragens [GROC04]

Geometrical features of pre-holes and formed flanges

Wird das Grenzaufweitverhältnis des Werkstoffs überschritten, treten während der Umformung Risse im Kragen auf, welche abhängig von der Entstehungsart in zwei Versagensmechanismen eingeteilt werden können. Der dominierende Mechanismus radial verlaufender Risse tritt insbesondere bei kleinen Vorlochdurchmessern auf und führt zu Beschädigungen, die am Kragenrand ihren Ursprung haben. Der zweite Mechanismus führt zu Ausrissen in Umfangsrichtung entlang des Kragens. Dies geschieht vor allem bei der Kombination aus Flachbodenstempeln, engen Ziehspalten und großen Blechstärken [GROC04; KLOC06]. Die Kantenrissempfindlichkeit beim Aufstellen des Kragens zeigt zudem eine Abhängigkeit vom Fertigungsverfahren, welches für das Vorlochen eingesetzt wird. Die Bereiche entlang der Vorlochkante sind den stärksten tangentialen Zugspannungen ausgesetzt. Gleichzeitig erfährt das Material in diesem Bereich durch den Stanzprozess eine Kaltverfestigung, welche das Grenzaufweitverhältnis beeinflusst. GLÄSNER et al. konnten durch einen zweistufigen Schneidprozess den Grad der Verfestigung nach dem Vorlochen reduzieren und damit eine Steigerung des Grenzaufweitverhältnisses nachweisen. Als weitere Einflussgröße auf die Kantenrissempfindlichkeit ist der Glattschnittanteil zu nennen. Je höher dieser ausfällt, desto geringer ist die Rissneigung beim Aufstellen des Kragens [GLÄS13]. Um Einrissen vorzubeugen, kann eine Wärmeeinbringung in das Werkstück das Umformverhalten des Materials und damit das Arbeitsergebnis beim Kragenziehen verbessern [KLOC06, S. 363].

2.1.3 Pressensysteme

Press systems

Sowohl das Scherschneiden als auch das Kragenziehen erfolgt in industriellen Produktionsprozessen für hohe Stückzahlen durch Werkzeuge auf Pressen, welche die Hubbewegung für den Bearbeitungsprozess ausführen. In Abhängigkeit von den Anforderungen an das Bauteil sowie das Produktionsszenario z. B. in Form der geforderten Umformgeschwindigkeit, sind unterschiedliche Pressensysteme verfügbar. Generell lassen sich Pressen einer der drei Arten energiegebundener, weggebundener oder kraftgebundener Pressen zuordnen.

Tabelle 2.1 führt unterschiedliche Pressentypen mit individuellen Funktionsarten und Eigenschaften sowie geeigneten Anwendungsbereichen auf.

Tabelle 2.1: Übersicht über verschiedene Pressentypen mit Funktionsart, Vorteilen und Anwendungen [BREC18, S. 45-46; DIET18]

Overview about different press types including function, advantages and applications

Pressentyp	Funktionsart für Stößelantrieb	Vorteile / Eigenschaften	Anwendungen
Spindelpressen	Antrieb über eine oder mehrere Spindeln, die häufig über ein Schwungrad angetrieben werden. Direktantriebe sind möglich.	- Hohe Umformenergie - Hohe Arbeitsgenauigkeit - Kurze Druckberührungszeiten und daher geringer Verschleiß der Werkzeuge - Konstante Presskraft	- Prägen - Kalibrieren - Schmieden
Exzenter-/Kurbelpressen	Schwungrad treibt Exzenter oder Kurbelwelle an, welche zu translatorischer Bewegung des Stößels führen	- Hohe Produktivität - Große Hublängen möglich - Exzenterpressen: Einstellbare Hublänge	- Scherschneiden - Prägen - Biegen - Vorwärtsfließpressen - Tiefziehen
Kniehebelpressen	Energie der Kurbel wird über ein Kniehebelsystem auf den Stößel übertragen	- Volle Nennkraft der Maschine steht nur wenige mm vor UT zur Verfügung und fällt ansonsten hyperbolisch ab - Geringe Arbeitsgeschwindigkeit - Stößelbewegung über Hebelverhältnis einstellbar	- Kalibrieren - Rückwärtsfließpressen - Setzoperationen - Massivprägen - Tubenspritzen

Hydraulische Pressen	Differentialkolben treibt Stößel an	- Wegunabhängige, konstante Kraft über großen Arbeitsweg - Präzise Einstellmöglichkeit der Kraft - Weg-Zeit-Verhalten des Stößels flexibel einstellbar	- Vorwärtsfließpressen - Hohl- und Massivprägen - Abstrecken - Tiefziehen
Servopressen	Anstelle einer Schwungscheibe mit Kupplung wird der Stößel über einen Servomotor angetrieben	- Individueller Stößelverlauf einstellbar über Leistungsregelung der Motoren	- Fügen - Prägen - Biegen - Scherschneiden - Tiefziehen

Bei energiegebundenen Pressen kann das Arbeitsvermögen gezielt eingestellt werden. Fallhämmer und Spindelpressen gehören zu dieser Kategorie, da bei Fallhämmern die Fallhöhe und Masse eingestellt werden kann und bei Spindelpressen Winkelgeschwindigkeit und Massenträgheitsmoment anpassbar sind. [BREC18, S. 45]

Den weggebundenen Pressen sind Exzenter-, Kurbel- und Kniehebelpressen zuzuordnen, bei denen der Kurbelradius bzw. das Hebelverhältnis eine Wegbegrenzung darstellen. Die nutzbare Kraft der Presse ist abhängig von der jeweiligen Stößelposition. Bei Kniehebelpressen kann die Nennkraft in Abhängigkeit vom Hebelverhältnis nur wenige mm vor dem unteren Totpunkt (UT) abgerufen werden, wohingegen die Nennkraft bei Kurbelpressen im Bereich von ca. 30° vor UT bis UT anliegt. [BREC18, S. 46; DIET18]

Hydraulische Pressen gehören zu kraftgebundenen Maschinen, da die Presskraft direkt über den Arbeitsdruck eingestellt werden kann. Das Weg-Zeit-Verhalten des Stößels lässt sich somit flexibel einstellen. Eine zusätzliche Begrenzung des Bewegungswegs ist entweder an der Presse selbst oder in den darin eingesetzten Werkzeugen vorzusehen.

2.2 Grundlagen hochfester Stahlwerkstoffe

Fundamentals of high strength steels

Zum aktuellen Zeitpunkt ist die Einteilung von Stählen gemäß ihren Festigkeiten nicht genormt, sodass der Begriff der hochfesten Stähle nationalen Unterschieden unterliegt und nicht einheitlich definiert ist. In der Literatur sind verschiedene Vorschläge zu finden, ab welcher Zugfestigkeit ein Stahl als hochfest bezeichnet wird. In der Automobilbranche gelten 400 MPa Zugfestigkeit als untere Grenze hochfester Stähle [BERG13], andere Autoren legen die Untergrenze bei 500 MPa fest [KLOC06].

Eigenschaften hochfester Stähle

Die Eigenschaften von Stahl lassen sich durch zwei unterschiedliche Maßnahmen beeinflussen. Entscheidend ist einerseits die Werkstoffzusammensetzung. Durch Zugabe von Metallen wie Chrom, Nickel oder Mangan kann die Festigkeit erhöht werden. Andererseits hat die Struktur des Metallgitters einen starken Einfluss. Austenit mit einer kubisch flächenzentrierten (kfz) Struktur weist grundsätzlich eine geringere Festigkeit auf als kubisch raumzentriertes (krz) oder hexagonal aufgebautes Martensit. [SCHR20]

Legierung und Gitterstruktur beeinflussen neben der Werkstofffestigkeit zudem die Umformbarkeit des Stahls. Entscheidend für viele Anwendungen ist eine hohe Festigkeit bei gleichzeitig hoher Umformbarkeit, wobei hohe Zugfestigkeiten üblicherweise zu einer geringeren Bruchdehnung führen, wie Bild 2.7 zeigt. [KLOC06; MORI05]

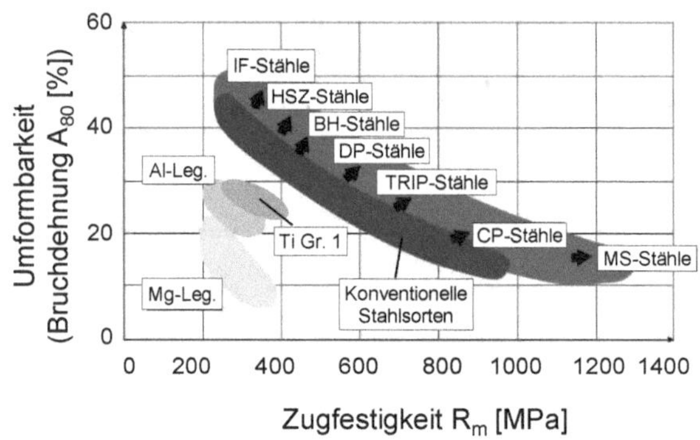

Al	Aluminium
BH	Bake-Hardening
CP	Complex-Phasen
DP	Dual-Phasen
HSZ	Hochfester Streckzieh-Stahl
IF	Interstitial Free
Mg	Magnesium
MS	Martensit-Phase
Ti Gr.	Titan Grade
TRIP	Transformation-Induced-Plasticity

Bild 2.7: Zusammenhang von Umformbarkeit und Zugfestigkeit ausgewählter hochfester Stähle [KLOC06, S. 83]

Relation of formability and tensile strength of high strength steels

Im Rahmen der Werkstoffentwicklungen für die Kombination hoher Umformbarkeit mit hoher Festigkeit sind beispielsweise Dualphasenstähle (DP-Stähle) entstanden. Eine ferritische Phase führt zu duktilen Eigenschaften und ist eingelagert in eine martensitische Phase. Als Weiterentwicklung gelten die Komplexphasenstähle (CP-Stähle), welche ferritisch-bainitische Gefügebestandteile aufweisen und damit höhere Streckgrenzen als DP-Stähle erzielen. Somit können bei Umformoperationen wie dem Kragenziehen höhere Aufweitverhältnisse erreicht werden. Zusätzlich werden die Festigkeitsunterschiede der verschiedenen Bestandteile bei CP-Stählen gegenüber DP-Stählen reduziert, sodass geringere Spannungen an den Phasengrenzen auftreten. [GLÄS15]

Als weitere hochfeste Stahlsorten sind transformation induced plasticity-Stähle (TRIP-Stähle) sowie Extra- und Ultra-advanced high strength steels (AHSS) zu nennen. TRIP-Stähle lassen sich sowohl bezüglich ihrer Festigkeit als auch Duktilität zwischen DP- und CP-Stählen einordnen und weisen zusätzlich eine hohe Bruchzähigkeit auf

[KWON10]. Durch eine thermische Behandlung wird metastabiler Austenit in das Gefüge eingebracht. Während einer plastischen Verformung wird diese Phase in Martensit umgewandelt. Die damit einhergehende Scherung erhöht einerseits die Duktilität und führt andererseits zu einer Steigerung der Festigkeit des Werkstoffs [GOTT14]. Extra-AHSS erhalten ihre Festigkeit durch Restaustenit, der in Bainit und Martensit eingebettet ist. Bei Ultra-AHSS werden noch höhere Festigkeiten durch Austenit als Hauptphase erreicht. Durch die Duktilität wird bei Extra- und Ultra-AHSS trotz der hohen Festigkeiten eine gute Bearbeitbarkeit gewährleistet. [KWON10]

2.2.1 Anwendungen

Applications

Der Einsatz hochfester Stähle ist durch den Leichtbau motiviert. Dementsprechend werden hochfeste Stähle überwiegend dort eingesetzt, wo Güter oder Personen transportiert werden, wie z. B. im Automobilbau sowie der Luft- und Schifffahrt. Weitere Anwendungsbranchen sind das Baugewerbe und die Windenergie. Der Automobilbau ist dabei mit Abstand die größte Abnehmerbranche. Im Jahr 2016 wurden mehr als 85 % der global abgesetzten hochfesten Stähle in der Automobilbranche eingesetzt. [GRAN18; KLOC06, S. 82]

Anwendungen in der Automobilbranche

Im Bereich des Karosseriebaus werden hochfeste Stähle eingesetzt, um das Gewicht von Fahrzeugen bei gleichbleibender Crashsicherheit zu reduzieren [BERG13; KLIG17; KWON10]. Indem Bauteile mit geringerer Materialstärke ausgeführt werden und gleichzeitig die Steifigkeitsanforderungen erfüllt werden, kann das Bauteilgewicht um bis zu 40 % reduziert werden [KLIG17]. Bereits eine Reduktion des Fahrzeuggewichts um 10 % führt Simulationen zufolge zu einer Einsparung im CO_2-Ausstoß von ca. 3 % [FONT10].

Ein Anwendungsbeispiel stellt die Mercedes-Benz E-Klasse der vierten Generation dar, in der 72 % der eingesetzten Bleche in der Karosserie aus hochfesten oder ultrahochfesten Werkstoffen bestehen [DIET18]. Hochfester Stahl wird in Automobilen aufgrund der Eignung für crashrelevante Komponenten für A-Säulen, B-Säulen, Verstärkungen, Querträger, Stoßfänger, Dachrahmen oder Querlenker eingesetzt [GRAN18; KARB10; KLIG17]. Ein weiteres Einsatzgebiet stellen Fahrzeugsitze dar. Neben Einzelteilen aus der Sitzstruktur werden auch Sitzschienen aus hochfestem Stahl gefertigt. Aktuelle Entwicklungen deuten auf einen vermehrten Einsatz hochfester Stähle in Zukunft hin, um klimawirksame Einsparungen bei Schadstoffemissionen erreichen zu können. [THYS14]

Marktbetrachtung

Das globale Marktvolumen für hochfeste Stähle belief sich im Jahr 2016 auf 15,4 Mrd. US Dollar, wenn unter hochfesten Stählen sowohl niedriglegierte hochfeste Stähle, DP, TRIP als auch aushärtbare und martensitische Stähle zusammengefasst werden

[GRAN18]. Im letzten Jahrzehnt prognostizierte die Beratungsfirma McKinsey & Company für die Materialzusammensetzung in Autos einen Anstieg von hochfestem Stahl auf 40 % für das Jahr 2030 [NOTH14].

Wie die Prognosen für den weltweiten Bedarf an AHSS und den Anteil hochfester Stähle in Automobilen in Bild 2.8 zeigen, steigt die Menge des eingesetzten hochfesten Stahls an. Zwischen den Jahren 2010 und 2030 wird sich deren Anteil dort um mehr als den Faktor zwei erhöhen, wodurch neben erhöhter Crashsicherheit Einsparungen im Energiebedarf und eine verbesserte Fahrdynamik erreicht werden können. [BEKA18; HEUS12]

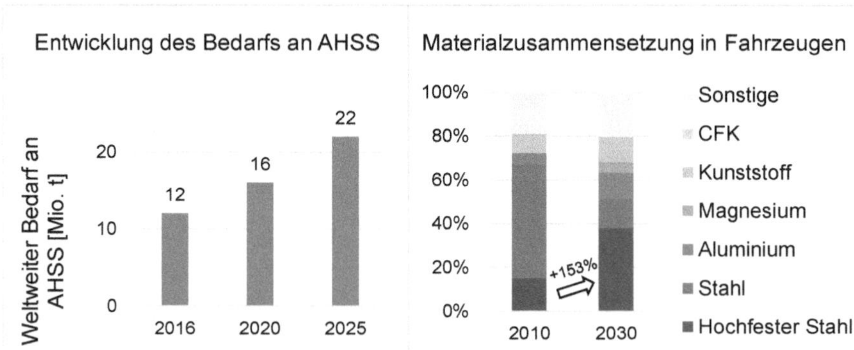

Bild 2.8: Links: Steigender weltweiter Bedarf an AHSS [BEKA18]. Rechts: Zunahme der hochfesten Stähle in der Materialzusammensetzung von Automobilen [HEUS12]

Left: Growing worldwide demand for AHSS. Right: Increasing amount of high strength steels in a vehicle's material mix

Ein erhöhter Absatz von hochfesten Stählen wird auch in anderen Branchen prognostiziert. In Luftfahrzeugen erwartet man einen Anteil von 16 % hochfester Stähle im Jahr 2030 gegenüber 11 % in 2010. [HEUS12]. Für den weltweiten Absatz hochfester Stähle wird auch in aktuellen Studien von einem weiteren Wachstum ausgegangen. TECHNAVIA erwartet eine weltweite jährliche Wachstumsrate von über 10 % zwischen den Jahren 2019 und 2024 [TECH21].

2.2.2 Verfahren zur Bearbeitung hochfester Stähle

Technologies for processing high strength steels

Für die Bearbeitung hochfester Stähle kann grundsätzlich auf dieselben Fertigungsverfahren zurückgegriffen werden, die für Stahlwerkstoffe niedrigerer Festigkeit eingesetzt werden. Die Unterschiede in der Bearbeitbarkeit beziehen sich hauptsächlich auf eine erhöhte Rückfederung, einen erhöhten Werkzeugverschleiß als Folge der steigenden Bearbeitungskräfte sowie eine frühere Rissbildung während der Umformung bedingt durch die reduzierte Bruchdehnung [DIET18; WEIS05]. Beim Scherschneiden weisen hochfeste Stähle häufig geringere Glattschnittanteile und entsprechend höhere

Bruchanteile auf. Dies ist vor allem durch die hohen Streckgrenzen und das große Verhältnis von Streckgrenze zu Zugfestigkeit zu erklären.

Eine Möglichkeit, den Herausforderungen in der Bearbeitung hochfester Stähle zu begegnen, ist die Halbwarm- oder Warmbearbeitung. Die zunehmende Werkstücktemperatur erhöht das Formänderungsvermögen des Werkstoffs aufgrund von Erholungs- und Rekristallisationsvorgängen [KLOC06]. Die Zugfestigkeit wird reduziert, die Streckgrenze gesenkt und damit ein erhöhtes Formänderungsvermögen erreicht, wodurch sowohl die Schnittqualität optimiert als auch die rissfrei herstellbaren Umformgrade erhöht werden können. Für das Scherschneiden konnten durch die Warmbearbeitung Steigerungen des Glattschnittanteils auf über 90 % nachgewiesen werden [SCHM18b]. Durch die reduzierten Festigkeiten lassen sich die benötigten Prozesskräfte senken. Gleichzeitig kann aufgrund der geringeren Rückfederung eine höhere Maßhaltigkeit der Bauteile erreicht werden [DIET18]. Bild 2.9 zeigt den Einfluss der Temperaturerhöhung auf die Zugfestigkeit und Dehnung eines hochfesten Stahls. Die Festigkeit nimmt bei zunehmender Temperatur ab, während die Bruchdehnung ansteigt [MORI17b].

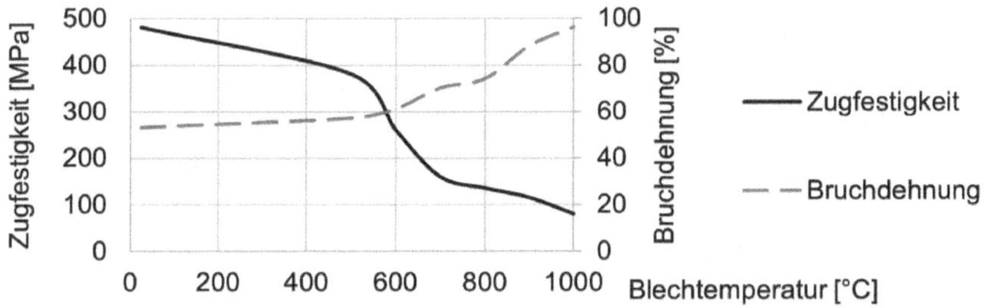

Bild 2.9: Entwicklung der Zugfestigkeit und Bruchdehnung in Abhängigkeit von der Temperatur [MORI17b]

Development of tensile strength and elongation depending on the temperature

Anwendung findet die Warmumformung unter anderem im Automobilbau. In der Mercedes-Benz E-Klasse befinden sich zu ca. 8 Gew.-% mittels Warmumformung hergestellte Bauteile aus ultrahochfesten Legierungen [DIET18]. Bei Umformprozessen hochfester Stähle in der Automobilindustrie wird neben der Warmumformung auch auf das Kaltfließpressen zurückgegriffen, mit dem beispielsweise Türverstärkungen oder Sitzkomponenten hergestellt werden. Für Stoßfänger, Sitzschienen oder Schweller kommt die Rollumformung zum Einsatz. Warmumformung wird häufig für die Umformung von Bauteilen mit komplexeren Geometrien eingesetzt. [KLIG17]

Presshärten

Das Presshärten, auch Formhärten genannt, wird unter anderem bei Mangan-Bor-vergüteten Stählen, z. B. bei 22MnB5 im kaltgewalzten Zustand, angewendet [DIET18]. Es stellt einen alternativen Weg zur Herstellung von Bauteilen mit hoher Festigkeit dar. Im Vergleich zur Bearbeitung hochfester Stähle werden Stahlsorten mit niedrigeren

Festigkeiten eingesetzt, die nach einer thermischen und mechanischen Bearbeitung hochfeste Eigenschaften aufweisen. Im Auslieferungszustand weist der 22MnB5 ein ferritisch-perlitisches Grundgefüge auf [KARB10], dessen Zugfestigkeit bei ca. 500 MPa liegt. Zu Beginn des Presshärtens wird die bereits zugeschnittene Blechplatine zunächst in einem Durchlaufofen auf die materialspezifische Austenitisierungstemperatur erwärmt, die für 22MnB5 bei ca. 950°C liegt. Danach wird das erwärmte Halbzeug in das Umformwerkzeug eingelegt, wobei auf kurze Transferzeiten zu achten ist, um die Abkühlung durch Konvektion und Wärmestrahlung auf ein Minimum zu reduzieren. Das Presshärtewerkzeug wird durch eine integrierte Wasserkühlung zur gleichzeitigen Umformung und Abkühlung des Bauteils eingesetzt. Durch die Abkühlung auf eine Temperatur unterhalb der Martensitstarttemperatur (ca. 400°C) mit Geschwindigkeiten, welche die kritische Abkühlgeschwindigkeit von 27 K/s überschreiten, wird ein Umklappen des austenitischen Gefüges in eine Martensitstruktur bewirkt. Die Martensitstarttemperatur ist definiert für einen martensitischen Gefügeanteil von 1 % [GOTT14]. Die kritische Abkühlgeschwindigkeit ist im Zeit-Temperatur-Umwandlungsdiagramm in Bild 2.10 als gestrichelte Linie 1 zu sehen. Bei langsameren Abkühlgeschwindigkeiten wird keine Umwandlung in Martensit erreicht.

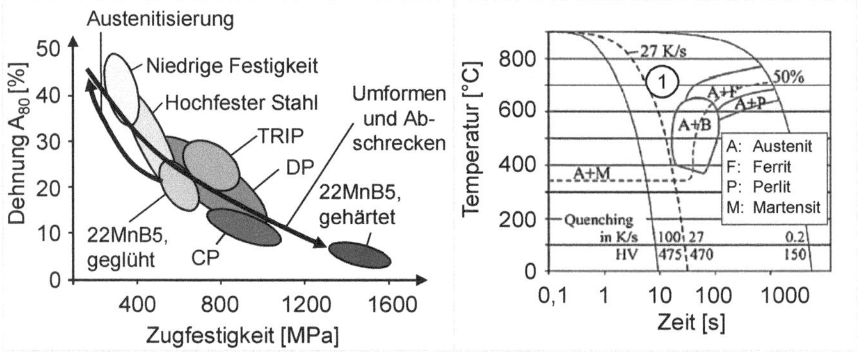

Bild 2.10: Links: Zusammenhang von Dehnung und Zugfestigkeit ausgewählter Stahlsorten. Rechts: Zeit-Temperatur-Umwandlungsdiagramm für 22MnB5 [KARB10]

Left: Relation between elongation and tensile strength. Right: Time-Temperature-Transformation for 22MnB5

Das Werkzeug bleibt beim Presshärten für eine gewisse Zeit unter Druck geschlossen, um eine Abkühlung des Bauteils in der Endgeometrie zu erreichen. Nach dem Härten liegen die Zugfestigkeiten des Materials bei über 1500 MPa und es werden Streckgrenzen von mehr als 1000 MPa erreicht. [DIET18; GANZ09]

Neben dem direkten Presshärten, dessen Verfahrensablauf bisher zugrunde gelegt wurde, wird das indirekte Presshärten eingesetzt (vgl. Bild 2.11), bei dem die Bauteile konventionell vorgeformt und in diesem umgeformten Zustand erwärmt werden. Mit dieser geänderten Prozessführung lassen sich komplexere Umformgeometrien herstellen. [DIET18]

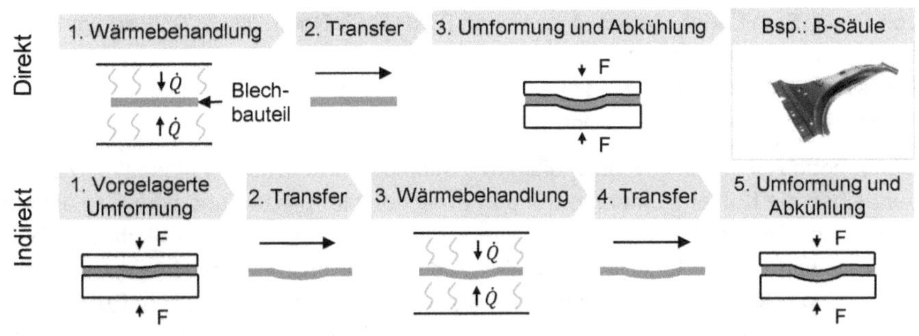

Bild 2.11: Prozessführung beim direkten und indirekten Presshärten (nach [DIET18])

Process routes for direct and indirect press hardening

Durch die aufeinanderfolgenden Einzelprozessschritte sowie die Verweildauer der Halbzeuge in Durchlauföfen mit hohem Energiebedarf ist das Presshärten ein energieaufwändiger und kostenintensiver Herstellungsprozess. Die Erwärmungsdauer im Ofen liegt in Abhängigkeit von der Bauteilgeometrie bei mehreren Minuten [GEYE08]. In Forschungsvorhaben wurde daher bereits an einer Weiterentwicklung des Verfahrens gearbeitet, in dem die Erwärmung nicht im Ofen, sondern mittels induktiv erwärmter Wärmeleitungsplatten erfolgt [PLOS11]. Ein weiterer Forschungsansatz für das Härten von Stahlblechen besteht in der Substitution von Ofenprozessen durch lokale laserbasierte Bearbeitung zur Einsparung von Energie und der Dauer der Prozesszeiten [SCHM22].

2.3 Erwärmungstechnologien für Stahlbleche

Heating technologies for steel sheets

Durch die Erwärmung eines Blechwerkstoffs können neben der Optimierung der Umformung weitere Ziele der Werkstoffbehandlung erreicht werden, welche in die drei Obergruppen Härten, Vergüten und Glühen eingeordnet werden können [BRÜT16]. Weiterhin kommen Erwärmungstechnologien zum Einsatz, um ein gewünschtes Temperaturniveau des Werkstücks für eine anschließende Halbwarm- oder Warmbearbeitung zu erreichen [KLOC06].

Die beim Härten erreichte Festigkeitssteigerung lässt sich auf die Mechanismen Kaltverfestigung, Umwandlungshärten, Mischkristallhärten, Kornverfeinerung und Ausscheidungshärten zurückführen. Gefügetechnisch bedeutet eine höhere Härte, dass Versetzungen bei Bewegungen durch das Kristallgitter behindert werden. Die Versetzungen können sich z. B. durch die Einwirkung externer Kräfte innerhalb einzelner Körner bewegen, werden aber durch die Korngrenzen blockiert. Feinere Körner begrenzen daher die Versetzungsbewegungen und bewirken eine gesteigerte Härte. Das Ziel des Umwandlungshärtens ist die Einstellung des verzerrten krz-Gefüges von Martensit, um höhere Festigkeiten zu erreichen. Ausgehend vom erwärmten krz-Ferrit oder kfz-Austenit lässt sich in Abhängigkeit von der Abkühlgeschwindigkeit die Bildung von Perlit, Bainit oder Martensit erreichen [BRÜT16]. Nach DIN 10052 erfolgt ab der kritischen Abkühlgeschwindigkeit die vollständige Umwandlung in Martensit [DIN94]. Die kritische Abkühlgeschwindigkeit als Funktion des Kohlenstoffgehalts eines Stahlwerkstoffs ist in Bild 2.12 gezeigt.

Durch hohe Abkühlgeschwindigkeiten, die auch beim Presshärten eingestellt werden, verbleiben die Kohlenstoffatome auf den Zwischengitterplätzen und bewirken ein verzerrtes krz-Gefüge. Eine Diffusion dieser Atome ist bei den hohen Abkühlraten nicht möglich, wodurch Martensit entsteht. Wird diesem Martensit Mangan beigemischt, wird die benötigte Abkühlgeschwindigkeit zur Martensitumwandlung reduziert. Bei einer homogenen Temperatur über die gesamte Bauteildicke werden die größten Abkühlraten an der Oberfläche des Stahls erreicht, sodass bei Mangan-Stählen eine höhere Einhärtetiefe erreicht werden kann. Um Materialspannungen abzubauen, die durch eine ungleichmäßige Abkühlung über die Bauteildicke induziert werden, und somit Rissen oder Brüchen vorzubeugen, wird Stahl nach dem Härten angelassen. Dies wird als Vergüten bezeichnet.

Ein Glühprozess, der dem Anlassen ähnlich ist, ist das Spannungsarmglühen, das zwischen 400 und 600°C stattfindet, um keine Gefügeveränderung hervorzurufen [KLOC06]. Die Abkühlung wird gezielt langsam durchgeführt, um den erneuten Aufbau von Spannungsspitzen zu verhindern. Daneben dient das Normalglühen dem Ziel, ein gleichmäßiges, feinkörniges Gefüge zu erzielen, während das Weichglühen häufig als Vorbereitung für spanende Bearbeitungsschritte eingesetzt wird. Rekristallisationsglühen wird nach einer Kaltverfestigung angewendet, um die dabei entstandene Festigkeit durch eine Neuordnung des Gefüges zu reduzieren. Im Diffusionsglühen wird legierter Stahl homogenisiert, sodass Konzentrationsunterschiede der Legierungsbestandteile ausgeglichen werden. Im Anschluss muss normalgeglüht werden, um der entstehenden Kornvergrößerung entgegenzuwirken. [BRÜT16; KLOC06]

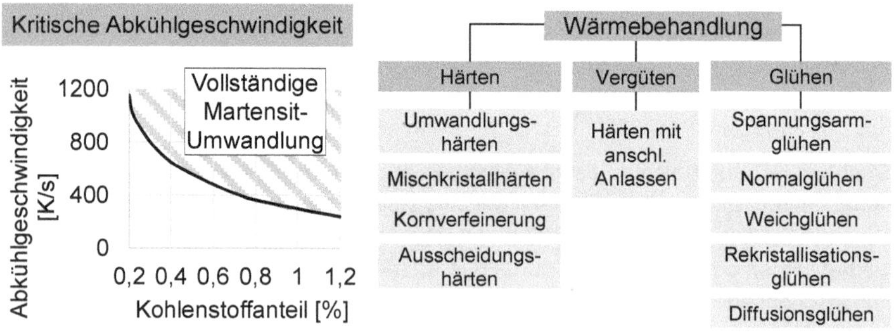

Bild 2.12: Kritische Abkühlgeschwindigkeit als Funktion des Kohlenstoffgehalts des Stahls (nach [BRÜT16])

Critical cooling rate as a function of the carbon content

Um die Vorteile einer Warmbearbeitung nutzen zu können, gibt es unterschiedliche Erwärmungstechnologien, mit denen die Erwärmung entweder lokal oder für das gesamte Bauteil durchgeführt wird. Die lokale Erwärmung bietet den Vorteil eines geringeren Energiebedarfs und in Abhängigkeit von der eingesetzten Erwärmungstechnologie reduzierte Prozesszeiten [GÖTT13]. Im Folgenden werden mit der Erwärmung im Ofen, der induktiven Erwärmung, der Lasererwärmung und elektrischen Widerstandserwärmung vier häufig eingesetzte Technologien beschrieben.

2.3.1 Erwärmung im Ofen

Heating in an oven

Die Ofenerwärmung ist eine konventionelle Erwärmungsmethode, die beispielsweise beim Presshärten, wie in Kap. 2.2.2 erwähnt, eingesetzt wird [KARB10]. Je nach Art der Zuführung der Bauteile wird unterschieden in Öfen zur kontinuierlichen oder getakteten Zufuhr. Durchlauföfen, Drehherdöfen, Rollenherdöfen und Hubbalkenöfen werden mit kontinuierlicher Bauteilzufuhr betrieben, während Haubenöfen, Herdwagenöfen und Topfglühöfen bei einer getakteten Zufuhr des Materials eingesetzt werden. [BRÜT16]

Bild 2.13: Links: Rollenherdofen. Mitte: Haubenofen für Buntmetalle. Rechts: Presshärteofen für Stahlplatinen [EBNE22b; EBNE22a; UTTI22]

Left: Roller hearth furnace. Middle: Top-hat furnace for non-ferrous metals. Right: Press hardening furnace for steel blanks

Die Erwärmung beim Presshärten geschieht üblicherweise in Rollenherdöfen oder Hubbalkenöfen mit kontinuierlicher Materialzufuhr und –bewegung. In diesen Öfen lassen sich mittels einer konvektiven Übertragung von Wärmeenergie auf das Bauteil werkstückspezifische Temperaturprofile gezielt einstellen, unter anderem um Diffusionsvorgänge zwischen Beschichtung und Substrat zu initiieren. Die Aufheizung kann unter Schutzgasatmosphäre erfolgen, damit keine Verzunderung auftritt [VEHO05]. Jedoch sind dafür Ofenlängen von bis zu 40 m mit einem hohen Energiebedarf erforderlich [KARB10; KOLL20]. Die Energieeffizienz eines Rollenherdofens liegt bei ca. 26 %, mit der nur niedrige Erwärmungsraten erreicht werden können [LIAN14a]. Drehherdöfen stellen eine Weiterentwicklung für eine höhere Energieeffizienz und geringeren Platzbedarf dar [DIET18].

2.3.2 Induktive Erwärmung

Inductive heating

Induktive Erwärmung ist eine Alternative zur Ofenerwärmung, bei der je nach Induktorgeometrie der gesamte Blechquerschnitt oder nur Teilbereiche erwärmt werden können. Durch den geringeren Platzbedarf ist eine Integration dieser Erwärmungstechnologie in andere Prozessschritte der Produktion möglich, sodass kein zusätzlicher, vor- oder nachgelagerter, Prozessschritt ergänzt werden muss. Die Erwärmung ist durch eine hohe Energiedichte charakterisiert, wodurch kurze Erwärmungszeiten für viele Anwendungen ausreichend sind. Mit der Regelung der Erwärmungsleistung lassen sich zudem unterschiedliche Bauteilbereiche individuell erwärmen. Ein Anwendungsbereich der induktiven Erwärmung stellt die Umformung dar, bei der die Rissbildung während der Bearbeitung bei höheren Temperaturen reduziert wird. Abhängig von der Bauteildicke kann es jedoch zu thermisch induzierten Spannungen und damit zum Bauteilverzug kommen. [KOLL20; PLOS11]

Grundsätzlich kann jeder elektrisch leitende Werkstoff induktiv erwärmt werden. Dabei wird durch die zeitliche Änderung des Stroms in einer Erregerspule eine Magnetfeldänderung hervorgerufen, die einen Wirbelstrom im Werkstoff und damit eine Temperaturerhöhung durch den elektrischen Widerstand im Blech bewirkt. Handelt es sich um ferromagnetische Werkstoffe, entstehen zusätzlich Ummagnetisierungs- bzw. Hystereseverluste. [BÖGE09; KOLL20]

Durch die Wahl der Frequenz des Induktionsgenerators kann die Eindringtiefe der Temperaturerhöhung gesteuert werden. Ein weiterer Einflussfaktor für die sich einstellende Temperaturverteilung ist die Wahl der Induktorart. In Bild 2.14 sind Längsfeld- Querfeld- und Flächeninduktoren dargestellt. [KOLL20; SMS20]

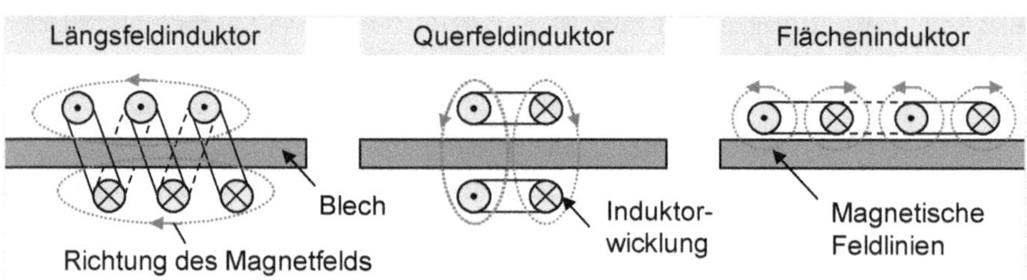

Bild 2.14: Geometrie und Aufbau von Längsfeld-, Querfeld- und Flächeninduktoren (nach [SMS20])

Geometry and structure of longitudinal field inductors, transverse field inductors and surface inductors

Längsfeldinduktoren haben innerhalb der Induktorspule ein stärkeres Magnetfeld als die anderen Bauarten und können somit den gesamten Blechquerschnitt erwärmen, wohingegen Querfeld- und Flächeninduktoren für eine lokale Erwärmung besser geeignet sind [BERG13].

Die induktive Erwärmung wird weiterhin durch die Curie-Temperatur beeinflusst. Wird im Werkstoff die Curie-Temperatur erreicht, verliert dieser seine magnetischen Eigenschaften, sodass der Wirkungsgrad induktiver Erwärmung stark reduziert wird und eine weitere Steigerung der Temperatur eine deutliche Zunahme der Erwärmungszeiten erfordert. Einflussfaktoren auf die Erwärmung sind die zur Verfügung stehende Erwärmungsleistung, Fläche des Induktors und der Erwärmungszone sowie die Blechdicke. [KOLL20]

2.3.3 Erwärmung mittels Laser

Heating by laser

Bei der Erwärmung mittels Laserstrahlung handelt es sich um eine sehr flexible und präzise Erwärmungstechnologie. Durch Ablenkung des Laserstrahls und die Regelbarkeit der Laserleistung kann die Energie geometrisch sowie zeitlich präzise und lokal in ein Bauteil eingebracht werden. Die Temperaturerhöhung des Materials geschieht durch die Absorption der Laserleistung entlang der bestrahlten Oberfläche. Diese Technologie wird überwiegend für die lokale Erwärmung eingesetzt, wodurch sich Vorteile hinsichtlich der Energieeffizienz des Prozesses sowie des Bauteilverzugs ergeben. Das Werkzeug des Laserstrahls kann in Abhängigkeit von den gewählten Laser- und Prozessparametern sowohl für die Entfestigung von Stahlwerkstoff als auch das Härten eingesetzt werden. Die für Umformprozesse gewünschte lokale Entfestigung kann so eingestellt werden, dass sich Tiefziehverhältnisse vergrößern, Biegeradien verkleinern und Biegewinkel optimieren lassen, ohne dass der Werkstoff beschädigt wird. Insbesondere für Werkstoffe mit bei Raumtemperatur (RT) geringer Bruchdehnung kann der Laser zur Optimierung der umformenden Bearbeitung und Reduktion der benötigten Umformkräfte beitragen. Für den Chrom-Nickel-Stahl 1.4301 konnten 40 % geringere Umformkräfte bei gesteigerten Umformgraden von bis zu 25 % durch die laserinduzierte Erwärmung nachgewiesen werden. [BERG13; GROC04; STOR21]

Von WEISHEIT et al. wurden nach einer vorgelagerten laserbasierten Erwärmung Zugversuche an den hochfesten Stahlwerkstoffen DP600, DP1000 und MS W 1200 durchgeführt. Dabei wurde eine Reduktion der Zugkraft sowie Senkung der Streckgrenze bei gleichzeitiger Erhöhung der Dehngrenze nachgewiesen. [WEIS05]

STORMS untersuchte das laserunterstützte Kragenziehen hochfester Stahlbleche zur Steigerung des Aufweitverhältnisses. Durch die Erwärmung des Werkstoffs mittels Laserstrahlung, die über eine Strahlablenkeinheit geführt wird, konnte das Aufweitverhältnis im Vergleich zur konventionellen Bearbeitung mehr als verdoppelt werden. Wesentliche Einflussfaktoren auf die benötigten Erwärmungsparameter sind der Blechwerkstoff, die Kragenabmessungen sowie das Aufweitverhältnis. [STOR21]

Laserbasierte Erwärmung wurde in Zusammenhang mit Aluminium- und Magnesiumlegierungen bereits für die Halbwarmumformung komplexer Geometrien eingesetzt. Für die Anwendung des Kragenziehens wurde eine Steigerung des möglichen Aufweitverhältnisses um ca. 100 % bei einer Erwärmung auf ca. 200°C erreicht. Dabei werden bei Aluminium Erholungsvorgänge ausgelöst, während bei Magnesium durch die erhöhten Temperaturen zusätzliche Gleitebenen genutzt werden können. Bei beiden Werkstoffen ist eine Steigerung der Bruchdehnung und Reduktion der Fließspannung durch die Erwärmung zu beobachten. [GROC04]

2.3.4 Elektrische Widerstandserwärmung

Electrical resistance heating

Bei der elektrischen Widerstandserwärmung handelt es sich um ein direktes Erwärmungsverfahren, in dem das elektrisch leitende Werkstück selbst Teil des Stromkreises wird und sich infolge des elektrischen Widerstands bei Stromfluss erwärmt [PFEI07]. Der materialspezifische elektrische Widerstand verursacht elektrische Leistungsverluste im Stromkreis, die in thermische Energie im Leiter umgesetzt werden. Unter der Annahme eines adiabaten Prozesses aufgrund von kurzen Erwärmungsdauern lässt sich nach Formel 2.1 ein proportionaler Zusammenhang zwischen der erzeugten Wärme und der elektrischen Leistung des Stromkreises herstellen. Weiterhin steigt die erzeugte Wärme linear mit dem elektrischen Widerstand des Werkstücks und quadratisch mit dem elektrischen Strom an. [GÖTT13; KOLL20]

$$Q_{el} = P * t = I^2 * R * t = m * c * \Delta T \tag{2.1}$$

Q_{el}:	Wärmemenge	[Ws]	R:	Elektrischer Widerstand	[Ω]
P:	Elektrische Leistung	[W]	m:	Masse	[kg]
t:	Zeitdauer	[s]	c:	Spezifische Wärmekapazität	[kJ/(kgK)]
I:	Stromstärke	[A]	ΔT:	Temperaturdifferenz	[K]

Bei der Widerstandserwärmung handelt es sich um einen wirtschaftlichen und energieeffizienten Erwärmungsprozess mit geringem spezifischem Energiebedarf. In konduktiven Erwärmungsanlagen werden Wirkungsgrade von 85 bis 95 % erreicht [PFEI07].

Tabelle 2.2 gibt einen Überblick zu den beschriebenen Erwärmungstechnologien. Die Konduktion weist dabei die höchste Energieeffizienz in Kombination mit einer geringen Erwärmungsdauer auf.

Tabelle 2.2: Vergleich verschiedener Erwärmungstechnologien in der Blechbearbeitung [MORI17a]

Comparison of different heating technologies in sheet metal working

Erwärmungs-technologie	Ofen	Induktiv	Laserunterstützt	Konduktiv
Erwärmungsdauer [s]	120-300 ■	< 30 ▲	< 5 ●	< 10 ▲
Energieeffizienz	Gering ■	Mittel ▲	Mittel ▲	Hoch ●
Systemkomplexität	Gering ●	Mittel ▲	Hoch ■	Gering ●
Investitionskosten	Hoch ■	Gering ●	Mittel ▲	Gering ●
Eignung für eine lokale Erwärmung	Mittel ▲	Hoch ●	Hoch ●	Hoch ●

● Hohe Eignung ▲ Mittlere Eignung ■ Geringe Eignung

Auch hinsichtlich der Integrierbarkeit der Erwärmungstechnologie in Anlagen und Maschinen hat die konduktive Erwärmung Vorteile aufgrund der geringen Systemkomplexität und dem geringen Platzbedarf [MORI05]. Somit ergibt sich eine hohe Eignung der elektrischen Widerstandserwärmung für die energieeffiziente, lokale Erwärmung von Blechbauteilen.

2.4 Eigenschaften und Anwendungen elektrischer Erwärmung

Characteristics and applications of conductive heating

Bei der Verwendung der konduktiven Erwärmung ist darauf zu achten, dass das Werkstück dasjenige Element im Stromkreis ist, welches den größten elektrischen Widerstand erzeugt. Andernfalls wird an den Stellen höheren Widerstands mehr Wärme erzeugt, wodurch der Wirkungsgrad sinkt [KOLL20]. Um eine gleichförmige Erwärmung im Werkstück zu erreichen, muss der Querschnitt konstant sein, da eine Querschnittsänderung zu inhomogenem Widerstand und dadurch zu unterschiedlich starker Erwärmung entlang des Bauteils führt. Formel 2.2 beschreibt die grundsätzliche Abhängigkeit des elektrischen Widerstands vom spezifischen Widerstand sowie den geometrischen Parametern eines stromdurchflossenen Leiters [KLOC13]. Je größer dabei die Länge des Leiters ist, desto höher ist der Gesamtwiderstand und damit die erzeugte Wärmemenge. Darin ist der Einsatz dieser Erwärmungstechnologie für längliche Bauteile begründet. Wird das Bauteil in Querrichtung vom Strom durchflossen, lässt sich diese Eigenschaft gut für hohe Blechstärken nutzen.

$$R = \sigma * \frac{L}{A} \quad (2.2)$$

R:	Elektrischer Widerstand	[Ω]	*L:*	Länge	[mm]
σ:	Spezifischer elektrischer Widerstand	[Ωm]	*A:*	Fläche	[m^2]

Grundsätzlich wird der elektrische Strom durch einen Transformator in die benötigte Stromstärke umgewandelt. Bei Wechselstrom ist der Skin-Effekt zu beachten, der insbesondere bei hohen Frequenzen auftritt. [KLOC13]

2.4.1 Physikalische Effekte der Widerstandserwärmung eines elektrischen Leiters

Physical effects of electrical resistance heating of a conductor

Auf atomarer Ebene wird die elektrische Widerstandserwärmung durch die Kollisionen von Elektronen, welche sich als Ladungsträger durch den elektrischen Leiter bewegen, mit feststehenden Teilchen aus dem Molekülgitter erklärt. Sie erhöhen die Energie dieser feststehenden Teilchen in Form von Schwingungen, was einer Temperaturzunahme entspricht. Durch Einsetzen der Gleichung 2.2 in Gleichung 2.1 erhält man den mathematischen Zusammenhang aus Gleichung 2.3, der sich unter Berücksichtigung der Masse als Produkt aus Dichte und Volumen in Gleichung 2.4 umformen lässt [LIAN14b]. Demnach ist die Temperaturdifferenz bei elektrischer Widerstandserwärmung abhängig von der Stromstärke, dem spezifischen Widerstand, dem zu erwärmenden Querschnitt, der Erwärmungsdauer und den Materialeigenschaften. Hierbei ist zu betonen, dass sich aufgrund des elektrischen Widerstands Wechselwirkungen zwischen der Stromstärke, der elektrischen Spannung und der Bauteillänge ergeben (vgl. Gleichung 2.2). Für die Erwärmung langer Bauteile kann diese Technologie vorteilhaft sein, da bei geeigneter Einstellung der elektrischen Parameter eine durchgehende und homogene Temperaturerhöhung erreicht werden kann.

$$\Delta T = I^2 * \sigma \frac{L}{A} * t * \frac{1}{mc} \quad (2.3)$$

$$\Delta T = \sigma * (\frac{I}{A})^2 * (\frac{t}{c\rho}) \quad (2.4)$$

ΔT:	Temperaturdifferenz	[K]	*t:*	Zeitdauer	[s]
I:	Stromstärke	[A]	*m:*	Masse	[kg]
σ:	Spezifischer elektrischer Widerstand	[Ωm]	*c:*	Spezifische Wärmekapazität	[kJ/(kgK)]
L:	Länge	[mm]	*ρ:*	Dichte	[kg/m^3]
A:	Fläche	[m^2]			

Wie den Graphen in Bild 2.15 (rechts) zu entnehmen ist, ist der spezifische Widerstand von Stahl und Kupfer, also sowohl im Werkstück als auch den Elektroden und Zuleitungen für den Strom, temperaturabhängig. Die niedrigen Werte bei RT steigen bei Erhöhung der Temperatur bis auf den ca. 5-fachen Wert an.

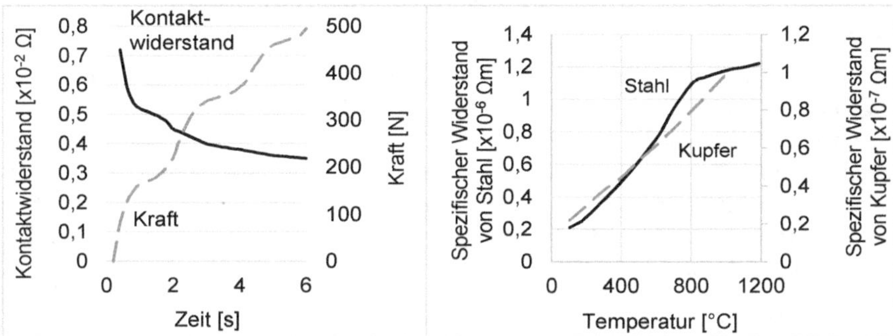

Bild 2.15: Links: Abnahme des Kontaktwiderstands bei ansteigender Kraft. Rechts: Zunahme des spezifischen Widerstands von Stahl sowie Kupfer mit steigender Temperatur [BABU01]

Left: Decreasing contact resistance with larger contact force. Right: Increase of the bulk resistivity of steel and copper with higher temperature

Zum Gesamtwiderstand, der die Temperaturerhöhung bewirkt, gehört neben dem Widerstand im Werkstück selbst (der Joulschen Erwärmung) der Kontaktwiderstand zwischen Werkstück und Blech [GÖTT13; TERH13]. Dabei entspricht die effektive Kontaktfläche zur Stromübertragung nicht der nominalen Kontaktfläche, sondern wird durch die in Kontakt befindlichen Rauheitsspitzen definiert, sodass bei geringer Krafteinwirkung auf die Kontaktstelle ein hoher Kontaktwiderstand vorliegt [PFEI07].

Der Verlauf von Kontaktwiderstand und Kraft in Bild 2.15 (links) wurde während einer Versuchsdurchführung zur konduktiven Erwärmung gemessen. Mit ansteigender Zeit ist daher eine Zunahme der Temperatur verbunden. Durch eine ansteigende, auf die Kontaktstelle einwirkende, Kraft werden die Rauheitsspitzen deformiert, woraus eine Reduktion des Kontaktwiderstands resultiert [BABU01].

Zu Beginn eines Erwärmungsprozesses begründet der hohe Kontaktwiderstand bei niedrigen Temperaturen einen starken Temperaturanstieg im Bereich der Kontaktierung des Bauteils. Während der ersten Phase des Erwärmungsprozesses liegen dort höhere Temperaturen als im Inneren des Werkstücks vor.

Optimierung der Kontaktflächen

Um lokale Hot Spots und ungewollte Verschweißungen zu verhindern, kommt der mechanischen Kontaktierung des zu erwärmenden Bauteils eine hohe Bedeutung zu. Durch die geringen tatsächlichen Kontaktflächen an den Rauheitsspitzen kann es in diesen Bereichen zu einer stärkeren Erwärmung kommen [PFEI07]. Zudem stellen sich bei ungleichmäßiger Krafteinwirkung lokal unterschiedliche Kontaktwiderstände ein, sodass sich eine inhomogene Erwärmung entwickelt [KOLL20]. Zusätzlicher Widerstand kann durch Verunreinigungen, z. B. durch Schmieröl auf den Oberflächen entstehen [TERH17]. Aufgrund dieser unterschiedlichen Einflussfaktoren ist festzuhalten, dass die Auslegung der Kontaktfläche sowie ein gleichmäßiger Kontaktdruck von entscheidender Bedeutung für die homogene Wärmeerzeugung am Bauteil sind [KARB10].

Mit ansteigendem Druck auf die Kontaktstelle wird der elektrische Widerstand reduziert, da der Strom über einen größeren Querschnitt geleitet werden kann. Eine mathematische Beschreibung des Kontaktwiderstands und der Eigenschaften der Kontaktstellen ist in Formel 2.5 gegeben. σ_1 und σ_2 geben dabei den spezifischen Widerstand der Kontaktpartner an, n steht für die Anzahl an Rauheitsspitzen, die sich in Kontakt befinden, a ist der durchschnittliche Radius dieser Rauheitsspitzen und 2*L deren mittlerer Abstand. [BABU01]

$$R_K = \left[(\sigma_1 + \sigma_2)\left(\frac{1}{4na} + \frac{3\pi}{32nL}\right)\right] \tag{2.5}$$

R_K:	Elektrischer Kontaktwiderstand	[Ω]	n:	Anzahl in Kontakt befindlicher Rauheitsspitzen	[-]
σ_1:	Spezifischer elektrischer Widerstand des ersten Kontaktwerkstoffs	[Ωm]	a:	Durchschnittlicher Radius von Rauheitsspitzen	[-]
σ_2:	Spezifischer elektrischer Widerstand des zweiten Kontaktwerkstoffs	[Ωm]	L:	Länge	[mm]

Gemäß den Arbeiten von MORI et al. führt die Erwärmung mit nur einer großflächigen Elektrode mit planer Kontaktfläche zu ungleichmäßiger Erwärmung aufgrund der Ebenheit sowie lokal unterschiedlichen Kontaktkräften. Daher gibt es Ansätze, mehrere Elektrodenpins einzusetzen, die einzeln mit Federn auf das Werkstück gedrückt werden, wie in Bild 2.16 links dargestellt. Als nachteilig hat sich bei dieser Methode allerdings herausgestellt, dass einzelne Elektroden aufgrund des hohen Stroms mit dem Werkstück verschweißt werden, wodurch diese Lösung nicht für den industriellen Einsatz geeignet ist. [MORI12c]

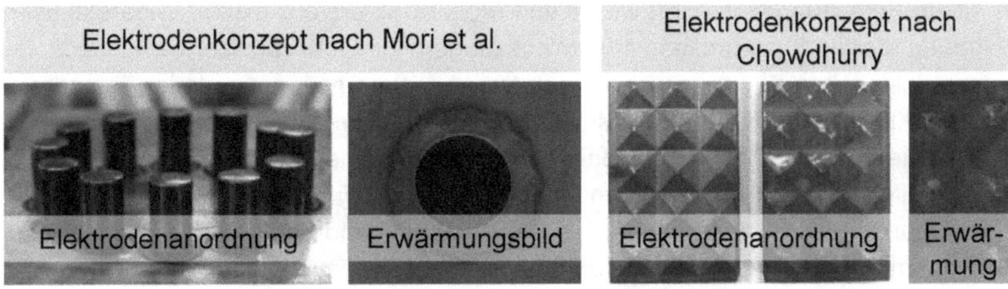

Bild 2.16: Links: Einsatz mehrerer Einzelelektroden, die mit Federn auf das zu erwärmende Stahlblech gedrückt werden [MORI12c]. Rechts: Elektroden mit mehreren Kontaktpunkten [CHOW16]

Left: Utilization of several electrodes that are pressed onto the sheet with single springs. Right: Electrodes with several contact points

In weiteren Arbeiten von CHOWDHURY und ANH (vgl. Bild 2.16 rechts) wurde die elektrische Widerstandserwärmung für Bleche mit 1 mm Dicke in einem einstufigen Erwärmungswerkzeug als Teilschritt für das Presshärten untersucht. Um einer ungleichmäßigen Erwärmung über der Kontaktfläche vorzubeugen, wurden Elektroden verwendet, die mehrere, gleichmäßig verteilte Kontaktpunkte aufweisen. Der Abstand zweier benachbarter Spitzen betrug 15 mm, mit denen eine Fläche von ca. 50 mm x 80 mm erwärmt wurde. Die gleichmäßige Temperaturverteilung wurde jedoch nur für Temperaturbereiche von etwa 900°C erreicht. Während der Phase der Temperaturerhöhung liegt eine inhomogene Temperaturverteilung über dem Querschnitt vor. [CHOW16]

2.4.2 Industrieller Einsatz und Stand der Forschung

Industrial applications and state of research

Konduktive Erwärmung wird häufig mit dem Ziel der vorgelagerten Erwärmung zur besseren Umformbarkeit durch die Reduktion der Fließspannung oder gezielten Wärmebehandlung, z. B. zum Härten oder zur lokalen Entfestigung, eingesetzt [GÖTT13; KARB12; PFEI07]. Durch die niedrigere Streckgrenze von Stahlwerkstoffen bei erhöhten Temperaturen ist für die Umformung zudem eine geringere Kraft erforderlich. Somit kann die Rückfederung durch die konduktive Erwärmung reduziert und die erreichbare Formgenauigkeit verbessert werden. [MEIE13]

Bezüglich der Geometrie sind Bauteile mit einem großen Längen-Durchmesser-Verhältnis besonders für die konduktive Erwärmung geeignet [KARB10]. Die Hauptanwendung dieser Erwärmungstechnologie liegt daher bei stangenförmigen Halbzeugen in der Massivumformung. Allerdings wird die konduktive Erwärmung auch in kontinuierlichen Prozessen eingesetzt, beispielsweise für die Herstellung von Rohren, Kabeln, Bändern, Drähten oder Blechen [KOLL20; PFEI07]. Die Firma BMW setzt die Technologie für das Aufheizen von Blechbauteilen ein. Dabei werden die Bleche entlang der Seiten kontaktiert und das gesamte Blech wird aufgewärmt. Gegenüber der Ofenerwärmung lassen sich die Zeiten für das Erwärmen von 180 s auf 1 s verkürzen. [GEYE08]

In einem Forschungsvorhaben wurde von MORI et al. die elektrische Widerstandserwärmung für den Stanzprozess an Schlosszungen von Gurtschlössern eingesetzt. Mit einem elektrischen Strom von 9,5 kA wurden nach 8 s Erwärmungsdauer Temperaturen von 900 bis 1000°C erreicht [MORI17c]. Weitere Forschungsaktivitäten von MORI et al. beziehen sich auf das konduktive lokale Härten einer Verzahnung entlang einer Bauteilseite. In einem mehrstufigen Umformwerkzeug findet die Erwärmung in einer der vorderen Stufen statt, während in einer nachfolgenden Stufe der Beschnitt der Zahngeometrie sowie das Härten durch Abschreckung im Werkzeug erfolgt. Die Erwärmungsdauer wird mit 16,5 s bei einem Strom von 10 kA angegeben, mit einer anschließenden Transferzeit von 6 s. Das 4 mm dicke Blech erreicht dabei Temperaturen von maximal 1050°C. [MORI17b]

Für die Anwendung des Scherschneidens wurde die konduktive Erwärmung von MORI et al. eingesetzt, um die Festigkeit zu reduzieren und das Stanzen eines runden Loches zu optimieren. Dabei wurde mit 4,1 kA für 1,2 s erwärmt, um eine Temperatur von 500°C zu erreichen. Die erforderliche Stanzkraft ließ sich dadurch auf ungefähr ein Drittel reduzieren. Weiterhin wurde ein erhöhter Glattschnittanteil, jedoch auch ein größerer Kanteneinzug und längerer Grat an den gestanzten Teilen festgestellt [MORI12b]. Weitere Forschungsarbeiten von MORI bezüglich elektrischer Widerstanderwärmung beziehen sich auf die Optimierung der Umformbarkeit in der Fertigung von Getriebetrommeln durch die Erwärmung des Wandbereichs sowie das lokale Warmumformen von Hohlachsen für den Einsatz in automobilen Dämpfersystemen, bei dem ein rissfreies Formen durch Erwärmung möglich wird. [MORI12a]

GÖTTMANN et al. setzten die Technologie für inkrementelles Blechumformen von Titanlegierungen ein und KLOCKE et al. konnten die Formbarkeit beim Vollvorwärtsfließpressen durch die Widerstandserwärmung verbessern [GÖTT13; KLOC13]. LUU et al. veröffentlichten 2018 eine Machbarkeitsuntersuchung zur Weiterentwicklung der Formbarkeit eines Werkstoffs im mehrstufigen Umformprozess durch eine zwischengelagerte Widerstandserwärmung in Richtung größerer erreichbarer Dehnungen ohne Rissbildung. Dazu wurden zweistufige Zugversuche durchgeführt, wobei die Prüflinge am Ende der ersten Zugbelastung durch elektrischen Strom spannungsarm geglüht wurden. Die Auswertung bestätigt den Effekt, dass nach der ersten Umformstufe Kaltverfestigungen durch die Wärmebehandlung abgebaut werden, sodass die Bruchdehnung erhöht und die Streckgrenze reduziert wird. Als Ergebnis konnte die maximale rissfreie Dehnung im zweistufigen Zugversuch erhöht werden. [LUU18]

2.4.3 Numerische Simulation elektrischer Widerstandserwärmung

Numerical simulation of electrical resistance heating

Numerische Simulationen von Fertigungsprozessen bilden einen Ausschnitt eines realen Systems ab, in dem einzelne Ursache- und Wirkungszusammenhänge verknüpft und die Ergebnisse der Prozesse prädiktiv berechnet werden.

Bei der elektrischen Widerstandserwärmung handelt es sich um einen Prozess, in dem mechanische, elektrische und thermische Effekte das Ergebnis der Bearbeitung beeinflussen. Dementsprechend muss eine Simulation die Kopplung dieser drei Modelle abbilden, um das Verhalten des realen Systems möglichst präzise vorhersagen zu können. Bild 2.17 zeigt den generellen Algorithmus einer Finite-Elemente-Analyse (FEA) zur Abbildung von Widerstandserwärmungsprozessen. Ausgehend vom initialen Kontakt zwischen Elektroden und Blechen werden die elektrischen, thermischen und mechanischen Einflüsse an Knotenpunkten berechnet. Deformationen, temperaturabhängige Materialeigenschaften, die Verteilung der Temperatur sowie des elektrischen Potenzials fließen dabei in die diskrete Zustandsbestimmung mit ein, welche wiederum den Ausgangspunkt der folgenden inkrementellen Berechnung darstellt. [VARD16]

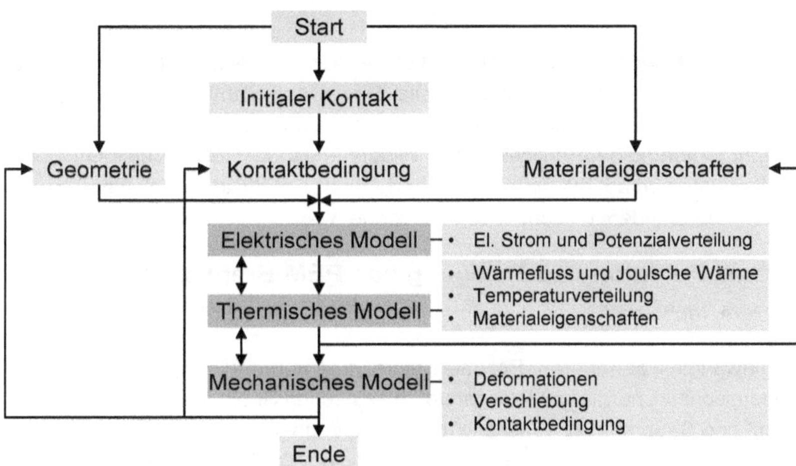

Bild 2.17: Abfolge der Berechnung der elektrischen Widerstandserwärmung in einer FEA (nach [VARD16])

Sequence of FEA calculations of electrical resistance heating

Wie in Kapitel 2.4.1 gezeigt, kommt der Kontaktstelle zwischen Elektroden und Blech eine wesentliche Bedeutung für die Temperaturentwicklung bei der Widerstandserwärmung zu. Für die realitätsnahe Abbildung müssen Oberflächenrauheiten sowie variierende Kontaktkräfte der Elektroden und temperaturabhängige Leitfähigkeitswerte in der Simulation berücksichtigt werden.

Veröffentlichungen zu Simulationen im Zusammenhang mit Widerstandserwärmung beziehen sich größtenteils auf das Widerstandspunktschweißen, das der Technologie und dem Prozess der Widerstandserwärmung ähnelt. Elektrisches, thermisches und mechanisches System sind hinsichtlich der Systemtechnik, den Bedingungen an den Kontaktflächen sowie der Wärmeerzeugung und –übertragung vergleichbar.

Im Jahr 2000 publizierte KHAN die Simulation des Widerstandspunktschweißens von Aluminiumlegierungen mit einem vollständig gekoppelten mechanisch-elektrisch-thermischen Modell. Dazu wurden eine Finite-Elemente- und Finite-Differenzen-Methode mit dem konvektiven Wärmetransport im Schweißpool verknüpft. [JAMI00]

MA und MURAKAWA entwickelten ein zweidimensionales Modell, um den Einfluss der Kontaktkraft der Elektroden, Stromstärke, Schweißdauer und Blechdicke auf die Geometrie und Größe des Schweißbads zu untersuchen. Es wurde ein vollständig gekoppeltes Modell verwendet und auf das Fügen hochfester Stähle angewendet [MA10]. EISAZADEH entwickelte ein dreidimensionales Modell und simulierte den Einfluss von Stromstärke, Schweißdauer, Kontaktkraft der Elektroden und Blechdicke auf die Ausbildung des Schweißnuggets [EISA09]. NIELSON veröffentlichte 2015 ein numerisches Modell, welches zusätzlich die Kontaktbedingungen zwischen benachbarten Bauteilen abbildet [NIEL15].

Die vorgestellten Arbeiten beziehen sich auf die Anwendung elektrischer Widerstandserwärmung für Widerstandsschweißprozesse. Eine Finite-Elemente-Methode (FEM) Simulation der elektrischen Widerstandserwärmung von einzelnen Blechbauteilen ist nicht bekannt. Aufgrund der Ähnlichkeit zum Widerstandspunktschweißen kann für numerische Simulationen auf die mathematischen Ansätze zurückgegriffen werden, welche für das Widerstandspunktschweißen verwendet werden.

2.5 Aufbau, Funktion und Fertigung von PEM-Brennstoffzellen

Structure, technical function, and manufacturing of PEM fuel cells

Als Energiewandler generieren Polymerelektrolytmembran (PEM)-Brennstoffzellen aus der chemischen Energie von Wasserstoff elektrischen Strom in einer Reaktion von Wasserstoff und Sauerstoff zu Wasser. Auf der Anodenseite einer Einzelzelle werden Wasserstoffmoleküle mithilfe eines Katalysators oxidiert. Die in den meisten Fällen aus Nafion bestehende PEM dient als fester Elektrolyt, der zwar die Wasserstoffprotonen, aber nicht die Elektronen leitet. Kathodenseitig reagiert Sauerstoff mit den Wasserstoffprotonen und Elektronen, welche über elektrisch leitfähige BPP von der Anodenseite der benachbarten Zelle auf die Kathodenseite gelangen. Das entstehende Wasser wird als Reaktionsprodukt mit dem Sauerstoffstrom abtransportiert. Durch die Elektronenverschiebung wird ein elektrisches Potenzial aufgebaut, über das ein elektrischer Strom entnommen werden kann. [KURZ16, S. 3-6]

PEM-Brennstoffzellen verfügen verglichen mit anderen Brennstoffzellentypen über eine hohe Leistungsdichte sowie eine gute Kaltstartfähigkeit [TÖPL17, S. 78], wodurch sich dieser Typ von Brennstoffzellen für automobile Anwendungen eignet [POKO19]. Als Brennstoffzellenfahrzeug verfügt der Hyundai Nexo sowie der Toyota Mirai über eine Kaltstartfähigkeit von bis zu -30°C [HYUN18; TOYO20]. Audi gibt eine Kaltstartfähigkeit von bis zu -28°C für sein Brennstoffzellensystem an [HENS20a]. PEM-Brennstoffzellen müssen zudem eine hohe Lebensdauer aufweisen. Für Anwendungen im PKW Bereich werden 10 % Degradation der Stackleistung nach 5.000 Betriebsstunden toleriert [SOCI20], wohingegen bei Nutzfahrzeugen 25.000 Betriebsstunden in Brennstoffzellenbussen nachgewiesen werden konnten. [POKO19, S. 13]

In Bild 2.18 sind die Bewegungen von Wasserstoff, Sauerstoff, Elektronen und dem entstehenden Wasser in einer einzelnen Zelle gezeigt. Das dargestellte Brennstoffzellendesign gilt als Grundlage für die weiteren Ausführungen zu Brennstoffzellenstacks und der Herstellung der BPP in dieser Arbeit.

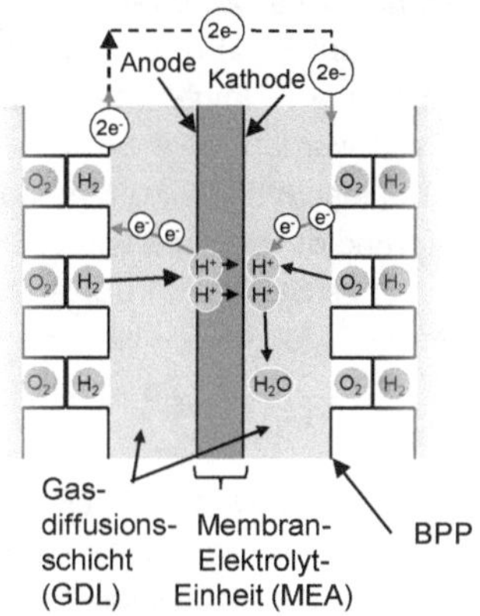

Anode:
$H_2 \rightarrow 2H^+ + 2e^-$

Kathode:
$\frac{1}{2} O_2 + 2H^+ + 2e^- \rightarrow H_2O$

Redox-Gleichung:
$H_2 + \frac{1}{2} O_2 \rightarrow H_2O$

Theoretisches Wasserstoff/Sauerstoff Brennstoffzellenpotenzial:

$$E = \frac{-\Delta G}{n_e F} = \frac{237{,}340\, J\, mol^{-1}}{2 * 96{,}485\, As\, mol^{-1}} = 1{,}23\, V$$

Bild 2.18: Querschnitt durch eine Einzelzelle und Redox-Reaktionsgleichungen (nach [BARB06; KURZ16, S. 78])

Cross section of single cell and redox reaction equations

E:	Elektrisches Potenzial	[V]	*n_e:*	Anzahl Elektronen in chemischer Reaktion	[-]
ΔG:	Freie Gibbs-Energie	[J/mol]	*F:*	Faraday-Konstante	[As/mol]

Die Elektronen werden an der Anode von den Wasserstoffatomen getrennt und durch die Gasdiffusionsschicht (GDL) zurück zur BPP geleitet. In der Darstellung der Einzelzelle werden sie über eine externe Verbindung zur kathodenseitigen BPP-Hälfte geleitet. Im Brennstoffzellenstack bewegen sich die Elektronen von der Anodenseite kommend entlang der BPP auf die Kathodenseite der benachbarten Zelle, wie in Bild 2.18 auf der linken Seite angedeutet.

Im Betrieb einer PEM-Brennstoffzelle gelten die folgenden Bedingungen:

- Saure Umgebung, pH-Wert: 2 bis 3 [BARB06]
- Betriebstemperatur: 60 bis 70°C [KURZ16, S. 78]
- Eingangsdruck Wasserstoff: < 2,2 bar [POWE20]
- Eingangsdruck Sauerstoff: < 2,3 bar [POWE20]

2.5.1 Grundlagen zu metallischen Bipolarplatten

Fundamentals of metallic bipolar plates

In Brennstoffzellenstacks für automobile Anwendungen werden an der Membran-Elektrolyt-Einheit (MEA) üblicherweise Leistungsdichten von etwas mehr als 1 W/cm^2 erreicht [WANG21, S. 145]. Damit durch eine PEM-Brennstoffzelle eine Leistung von mehr als 100 kW bereitgestellt werden kann, werden von den in Bild 2.18 dargestellten Einzelzellen mehrere hundert Stück im Brennstoffzellen-Stack in Reihe geschaltet. Bipolarplatten geben den Einzelzellen sowie dem Stack mechanische Stabilität. Außerdem weisen sie eine hohe elektrische Leitfähigkeit auf, um den Elektronenfluss bei geringem Widerstand zu ermöglichen. Bedingt durch die saure Umgebung muss gleichzeitig eine hohe Korrosionsbeständigkeit gewährleistet werden. BPP bestehen daher in den meisten Anwendungen entweder aus einem Kohlenstoffverbund-Material oder Metall [BALL19]. In Automobilanwendungen wird aufgrund der geringeren Zelldicke metallischer Platten und des damit kleineren Volumens des Stacks auf Edelstahl oder Titan zurückgegriffen [ASRI17]. Toyota nutzt als einer der führenden Hersteller von Brennstoffzellen-PKW Titan als Werkstoff für die BPP [LYON16]. Die Materialstärke metallischer BPP liegt im Bereich zwischen 0,05 mm und 0,1 mm.

Die Verteilung der Reaktionsgase über die BPP erfolgt entlang der sogenannten Flowfields. In diesem Segment hat die BPP Kontakt zur GDL, durch die auf der Anodenseite Wasserstoff zur MEA transportiert und damit der elektrochemischen Reaktion zugeführt wird. Für die Gestaltung der Flowfields können unterschiedliche Designs eingesetzt werden, von denen eine Auswahl in Bild 2.19 gezeigt ist.

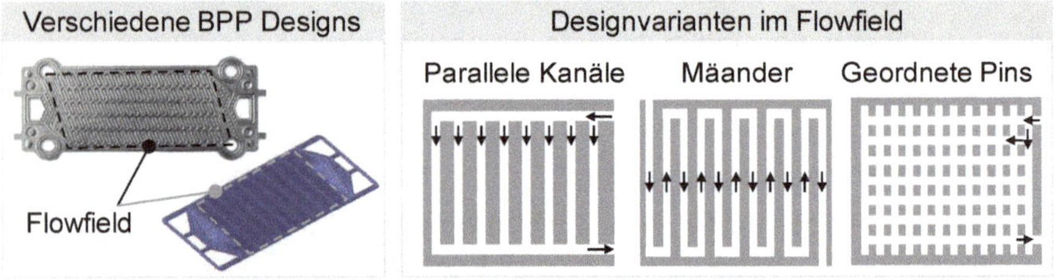

Bild 2.19: Unterschiedliche Designs metallischer Bipolarplatten [GRÄB22; ZENT22; BEND10, S. 52]

Different designs of metallic bipolar plates

Die Auswahl des Flowfield-Designs beeinflusst das Strömungsverhalten der Gase. Parallele Kanäle weisen einen geringen Druckverlust auf, was vorteilhaft für den Systemwirkungsgrad ist. Der Querschnitt der parallelen Kanäle kann als Funktion der Länge variiert werden, wodurch sich ein gezielter lokaler Druckanstieg erzeugen lässt, der eine Bewegung des Gases in Richtung der MEA bedingt. Geordnete Pins erlauben eine Strömung quer zur Hauptströmungsrichtung und damit eine gleichmäßigere Verteilung der Reaktionsgase [BEND10, S. 52-53].

2.5.2 Fertigungstechnologien für die Umformung metallischer Bipolarplatten

Production technologies for forming metallic bipolar plates

Zur Erhöhung der Korrosionsbeständigkeit und elektrischen Leitfähigkeit werden metallische BPP beschichtet [NEUG22, S. 302]. Die weitere Prozesskette zur Herstellung besteht für das in Bild 2.18 und Bild 2.20 gezeigte Brennstoffzellendesign aus den Schritten Umformen, Trennen und Fügen [JAME17]. Die Beschichtung wird in den meisten Fällen nach dem Umformen, Trennen und Fügen aufgetragen, wobei eine Bearbeitung von vorbeschichteten Coils diskutiert wird, um die langen Produktionszeiten des Beschichtungsprozesses aus der Prozesskette zu eliminieren und die Produktionskosten zu senken [DUR14, S. 790]. Dabei muss sichergestellt werden, dass die Beschichtung nicht durch die Dehnungen beim Umformen oder durch den Wärmeeintrag im Fügeprozess beschädigt wird.

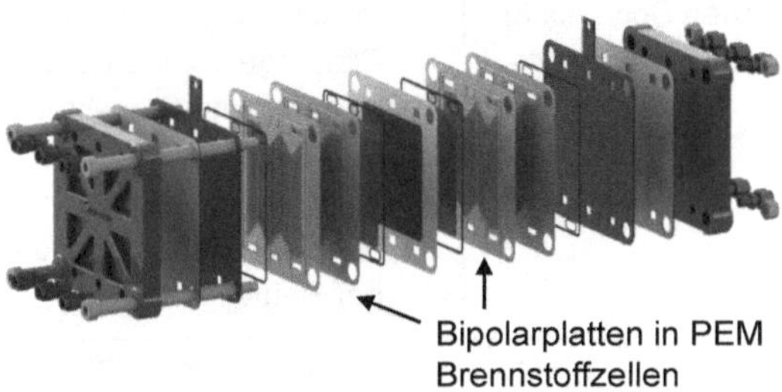

Prozessreihenfolge in der Fertigung metallischer BPP:

1. Umformen
2. Trennen
3. Fügen
4. Beschichten

Bild 2.20: Einzelkomponenten einer PEM-Brennstoffzelle

Single components of PEM fuel cells

Der Umformprozess stellt insofern einen kritischen Bearbeitungsschritt dar, als dass auftretende Risse im Substrat der BPP zur Undichtheit einer Zelle führen. Rissbildung ist insbesondere bei den geringen Blechstärken der BPP von 75 bis 100 µm zu vermeiden. Der Umformprozess limitiert die rissfrei formbare Kanaltiefe durch die maximal erreichbaren Umformgrade, sodass dieser Bearbeitungsschritt Gegenstand aktueller Forschungsarbeiten ist. Zudem stellen die geforderten Toleranzen im Bereich von unter 5 µm eine Herausforderung dar. Nach DIN 8585 Teil 4 handelt es sich gemäß dem auftretenden Belastungsfall beim Umformen von BPP um das Fertigungsverfahren des Streckziehens bzw. Hohlprägens, wenn mit beidseitig metallischen Werkzeugteilen umgeformt wird, oder um das Hydroforming, wenn die Umformung mit starren Werkzeugteilen und einem zusätzlichen Wirkmedium stattfindet [DIN20; JAME17]. Die Umformung kann dabei in einstufigen oder mehrstufigen Prozessen erfolgen.

Ein weiteres Verfahren ist das Umformen mit Gummistempel, bei dem eine Seite des Werkzeugs als Elastomer ausgeführt wird, in welchen die metallische Gegenseite des Werkzeugs eintaucht. Durch das Elastomer lässt sich mit diesem Verfahren einseitig eine gute Oberflächenqualität des Bauteils erzielen. Die Technologie ist mit geringen

Werkzeugkosten verbunden, eignet sich aber nicht für die Produktion höherer Stückzahlen [MUEL19].

Tabelle 2.3 gibt einen Überblick über die Vor- und Nachteile des Streckzieh-Verfahrens in einem Folgeverbund- oder Transferwerkzeug und dem Hydroforming-Verfahren, das in speziellen Hydroforming-Pressen durchgeführt wird.

Tabelle 2.3: Gegenüberstellung der Eigenschaften der Umformverfahren Streckziehen und Hydroforming

Comparison of characteristics of the forming technologies stretch drawing and hydroforming

	Vorteile	Nachteile
Streckziehen 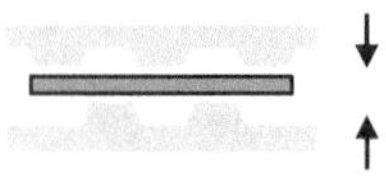	+ Hohe Hubzahlen + Einfache Integration von zusätzlichen Schneidstufen in das Umformwerkzeug	- Hohe Werkzeugkosten [JAME17] - In Abhängigkeit von der Plattengeometrie hohe erforderliche Presskräfte [JAME17] - Nachträgliche Entfernung von Schmieröl von der Bauteiloberfläche
Hydroforming 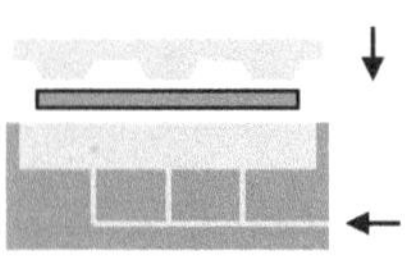	+ Niedrige Werkzeugkosten [JAME17] + Geringer Verschleiß + Gleichmäßige Wandstärke ohne Einschnürungen [GRÄB20]	- Längere Prozesszeiten von 5 bis 10 s pro Hub - Nachträgliche Reinigung der Bauteiloberfläche von der Umformemulsion

Im Grenzformänderungsschaubild in Bild 2.21 werden für unterschiedliche Umformverfahren die zugehörigen Dehnungen visualisiert. Durch Messreihen lassen sich werkstoffspezifisch die maximalen Dehnungen für unterschiedliche Umformverfahren und damit die Grenzformänderungskurve der größtmöglichen Dehnung bestimmen. Dabei ist die Hauptformänderung ε_1 als die betraglich größte Dehnung in eine Raumrichtung definiert. Die biaxiale Dehnung entspricht dem Belastungsfall des Streckziehens, bei dem gleichförmige Zugkräfte in beide Richtungen in der Ebene, x und y, aufgebracht werden.

Zur Qualitätsbewertung umgeformter BPP ist die Ausdünnung des Bauteils ein relevantes Merkmal. Basierend auf der Volumenkonstanz im Umformprozess lässt sich die Dehnung in alle drei Raumrichtungen gemäß Formel 2.6 darstellen [HU02, S. 15]:

$$d\varepsilon_1 + d\varepsilon_2 + d\varepsilon_3 = 0 \tag{2.6}$$

ε_1: Hauptformänderung [-]

ε_3: Dehnung in Dickenrichtung der Bipolarplatte [-]

ε_2: Nebenformänderung [-]

Im Querschnitt durch das Flowfield in Bild 2.21 rechts zeigt die ε_2-Richtung in die Ebene hinein. Unter der Annahme, dass keine Dehnung in diese Längsrichtung der Strömungskanäle erfolgt, kann ε_2 zu null gesetzt werden.

$$d\varepsilon_1 = -d\varepsilon_3 \tag{2.7}$$

Aus diesem Zusammenhang lässt sich im Querschnitt eines Kanals die Dehnung durch die Änderung der Bauteildicke darstellen [HU02, S. 6]:

$$\varepsilon_1 = -\int_{s_1}^{s} \frac{dl}{l} = -\int_{s_1}^{s} \frac{1}{l} dl = -[\ln s - \ln s_1] = -\ln \frac{s}{s_1} \tag{2.8}$$

s: Blechdicke [mm]

s_1: Blechdicke vor der Umformung [mm]

Dieser Ansatz ermöglicht eine Abschätzung der Dehnung in ε_1-Richtung über die Analyse der Dickenänderung in ε_3-Richtung. Diese Berechnung der Dehnung über die ln-Funktion ist durch die inkrementelle Betrachtung in der Herleitung nur für geringe Längenänderungen zulässig.

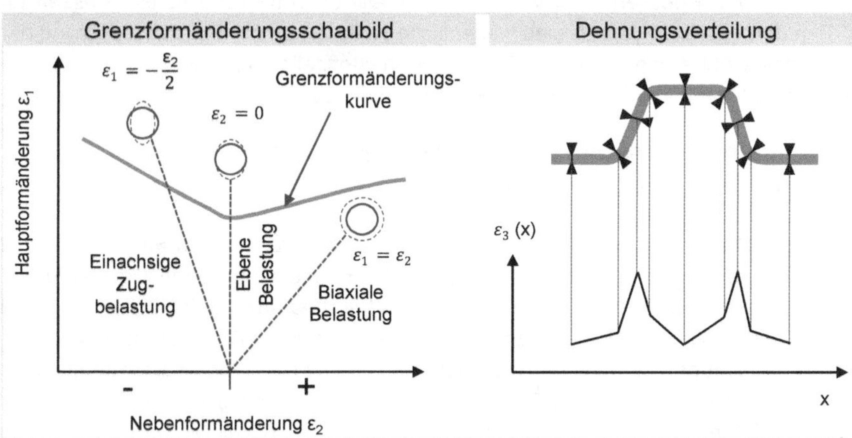

Bild 2.21: Links: Visualisierung der Dehnung während der Umformung im Grenzformänderungsschaubild (nach [BLEC17, S. 300; DIN21]). Rechts: Dehnungsverteilung in Bauteildickenrichtung bei BPP

Left: Visualization of elongation during forming in a forming limit diagram. Right: Distribution of elongation in thickness direction of a BPP

Entlang des Querschnitts liegt typischerweise die in Bild 2.21 rechts gezeigte Verteilung der Blechstärke vor. Im Bereich der Kanalflanken kommt es zur größten Dehnung, da der Werkstoff hier die maximale Streckung erfährt. Die Bereiche der Kanalflanken sind aufgrund der Ausdünnungseffekte anfällig für das Auftreten von Rissen.

BPP werden in Brennstoffzellen in hoher Stückzahl benötigt. In einem Brennstoffzellenstack werden Einzelzellen in Reihe geschaltet, um Ausgangsleistungen von über 100 kW zu erhalten. Der Brennstoffzellenstack des Mercedes-Benz GLC Fuel Cell besteht aus ca. 400 Einzelzellen [DAIM20]. Aus Bild 2.20 ist zu erkennen, dass pro Einzelzelle eine BPP bestehend aus zwei BPP-Hälften eingesetzt wird.

Aktuelle politische Vorgaben sowie Absatzprognosen von Fahrzeugherstellern lassen eine starke Zunahme von brennstoffzellenbetriebenen Fahrzeugen erwarten: China hat als ein Element der nationalen Wasserstoffstrategie den Betrieb von 1 Mio. Brennstoffzellenfahrzeugen bis 2030 verkündet [SOCI20]. Hyundai plant die Herstellung von jährlich 700.000 Brennstoffzellensystemen ab 2030 [HENS20b]. Für 1 Mio. Brennstoffzellenstacks werden bei 400 Einzelzellen im Stack insgesamt 800 Mio. BPP-Hälften benötigt.

Diese Zahlen verdeutlichen den Bedarf an der Weiterentwicklung von Fertigungstechnologien für hohe Stückzahlen sowie die benötigten Produktionskapazitäten. Zum momentanen Zeitpunkt bestehen keine Produktionslinien, die eine ausreichende Ausbringungsmenge erreichen. Beispielsweise hat Toyota verkündet, ab etwa dem Jahr 2020 über jährliche Produktionskapazitäten von bis zu 30.000 Brennstoffzellenstacks zu verfügen [HERB20, S. 11]. Diese Stückzahlen können den prognostizierten Marktbedarf bei weitem nicht decken, sodass dem Hochskalieren von Produktionsprozessen für BPP in den nächsten Jahren eine wesentliche Rolle zukommt. Für das Upscaling der Produktionszahlen von 10.000 auf 500.000 Brennstoffzellensysteme pro Jahr wird eine Kostenreduktion in der Herstellung von 46 % prognostiziert. [JAME18]

2.6 Zusammenfassung und Forschungsbedarf

Summary and need for research

Hochfeste Stähle werden durch ihr Leichtbaupotenzial vermehrt in Fahrzeugen und Flugzeugen eingesetzt. Aufgrund spezifischer Werkstoffeigenschaften wie einer geringen Bruchdehnung sind sie in ihrer Umformbarkeit begrenzt. Beim Scherschneiden dieser Werkstoffe kommt es entlang der Schnittfläche zu einem großen Bruchanteil, da das Formänderungsvermögen als Voraussetzung für einen Glattschnitt geringer als bei normalfesten Stählen ist. Beim Kragenziehen werden häufig Werkstoffe mit hoher Duktilität und gleichzeitig hoher Zugfestigkeit eingesetzt, da diese Kombination zum Ausformen hoher Kragen genutzt werden kann. Demnach lassen sich beim Kragenziehen an weichen Werkstoffen bessere Ergebnisse als mit hochfesten Werkstoffen erzielen.

Die Bearbeitung hochfester Stähle erfordert daher eine Weiterentwicklung bestehender Produktionsprozesse sowie Neuentwicklungen, um komplexe Bauteilgeometrien mit hohen Umformgraden rissfrei umformen und in trennenden Verfahren mit hohem Glattschnittanteil schneiden zu können. Unabhängig von der Festigkeit des Werkstoffs erhöht die Warmbearbeitung das Formänderungsvermögen und reduziert die Fließspannung gegenüber konventioneller Umformung bei RT und eignet sich daher, um eine Verbesserung der Ergebnisse zu erzielen. Die Erwärmung von Blechen wird häufig in Öfen oder mit Induktion und in ausgewählten Fällen mittels Laser durchgeführt. Elektrische Widerstandserwärmung wird bisher für längliche Bauteile eingesetzt, wobei der elektrische Strom in Längsrichtung des Bauteils geleitet wird.

Aktuelle Verfahren für die Warmumformung hochfester Stahlbleche wie das Presshärten sind mit langen Prozesszeiten durch die Ofenerwärmung und hoher Komplexität bei der Integration in durchgehende Prozessketten verbunden. Bei induktiver Erwärmung bildet sich häufig eine inhomogene Temperaturverteilung aus. In der blechbearbeitenden Industrie sind hohe Stückzahlen gefordert, sodass einzelne Werkstücke innerhalb kurzer Zeit bearbeitet werden müssen. Für hochfeste Stahlbleche lässt sich basierend auf dieser Anforderung und der Notwendigkeit, eine Erwärmung durchzuführen, der Forschungsbedarf ableiten, Erwärmungstechnologien mit kurzer Erwärmungsdauer zu entwickeln, die in etablierte Herstellungsprozesse integrierbar sind.

Die elektrische Widerstandserwärmung bietet großes Potenzial, diese Anforderungen zu erfüllen und kann durch die geringe Systemkomplexität in Produktionsmaschinen integriert werden. Die Erwärmung von Stahlblechen unterschiedlicher Festigkeiten ermöglicht die Erweiterung von Umformgrenzen für Bearbeitungsschritte wie das Scherschneiden oder Kragenziehen. Aktuell wird diese Technologie jedoch nur für längliche Bauteile eingesetzt, wobei der elektrische Strom das Bauteil in Längsrichtung durchfließt. Durch eine Erwärmung in Querrichtung kann das Potenzial dieser Technologie für eine lokale Erwärmung in kurzer Zeitdauer genutzt werden. Einzelne Forschungsarbeiten untersuchen diese Art der Widerstandserwärmung in Einlegewerkzeugen. Die Prozessentwicklung für die Behandlung hochfester Stähle sowie die Integration der Widerstandserwärmung in getaktete Bearbeitungsprozesse in Folgeverbund- oder Transferwerkzeugen wurde bisher nicht erforscht. Daraus lässt sich der Forschungsbedarf für die Entwicklung der elektrischen Widerstandserwärmung und deren Integration in Hochvolumenprozesse ableiten.

In der Umformung metallischer BPP ist nach Stand der Technik ein Kompromiss zwischen strömungsdynamisch optimierter Auslegung und Fertigbarkeit zu suchen. Bestimmte, von Originalgeräteherstellern (OEM) präferierte Designs sind aufgrund begrenzter Umformgrade der dünnen Halbzeuge durch Effekte wie der Ausdünnung nicht herstellbar. Aktuelle Produktionstechnologien und –prozesse sind weiterzuentwickeln, sodass die Effizienz von Brennstoffzellensystemen durch erweiterte Umformgrenzen in der Komponentenproduktion gesteigert werden kann.

3 Aufgabenstellung und Zielsetzung

Task definition and objective

Umformende und schneidende Bearbeitungsprozesse an hochfesten Stahlblechen können nach aktuellem Stand der Technik ohne Erwärmung nur für Geometrien mit begrenzten Umformgraden bzw. bei Schnittflächen mit hohen Anforderungen an die Schnittflächenqualität nur mit Nacharbeit durchgeführt werden. Etablierte Prozesse, die auf Erwärmung zurückgreifen, erfordern lange Durchlaufzeiten und sind aufgrund der Erwärmung des gesamten Stahlblechs energieintensiv. Gemäß dem Stand der Technik gibt es keinen Prozess, in dem die Technologie der elektrischen Widerstandserwärmung für die Bearbeitung hochfester Stahlbleche in automatisierten Serienprozessen für hohe Stückzahlen eingesetzt wird. In der Blechbearbeitung werden für eine wirtschaftliche Herstellung Produktionsverfahren für hohe Stückzahlen benötigt. Für die Bearbeitung hochfester Werkstoffe ist daher Bedarf an integrierten Erwärmungsprozessen in Folgeverbundwerkzeugen zur automatisierten wirtschaftlichen Produktion zu erkennen.

Begrenzte Umformgrade schränken neben der Bearbeitung hochfester Stähle auch die Umformung metallischer BPP für PEM-Brennstoffzellen ein. Aufgrund der geringen Blechdicke der Halbzeuge sind Umformungen nur bis zu einem gewissen Grad möglich, bis Materialversagen in Form von Rissen auftritt. Die begrenzte Kanaltiefe limitiert die Leistungsdichte und den Wirkungsgrad der Systeme im Betrieb. Demnach ergibt sich ein Bedarf an Produktionstechnologien, welche eine Erhöhung der Umformgrade ermöglichen, sodass tiefere Kanäle rissfrei gezogen werden können.

Die Zielsetzung der beschriebenen Arbeit ist ein funktionsfähiger Produktionsprozess für eine werkzeugintegrierte elektrische Widerstandserwärmung, der die thermische Behandlung und mechanische Bearbeitung von Blechbauteilen im Folgeverbundwerkzeug ermöglicht. Auf diese Art lassen sich Umformoperationen wie das Kragenziehen für hochfeste Stähle durchführen, scherschneidende Bearbeitung mit hoher Schnittqualität umsetzen und Kanaltiefen metallischer BPP vergrößern. Hierzu wird eine entsprechende Systemtechnik aufgebaut, zugehörige Prozesse für die Bearbeitung von Fein- und Feinstblechen entwickelt sowie hergestellte Bauteile analysiert.

Wissenschaftliche Forschungsfragen

Für die Bearbeitung des vorgestellten Ziels lassen sich zwei Forschungsfragen ableiten, welche in den nachfolgenden Kapiteln dieser Arbeit beantwortet werden.

Forschungsfrage 1:

Wie kann ein hochfestes Stahlblech durch elektrische Widerstandserwärmung entlang der Blechdicke lokal auf eine definierte Temperatur erwärmt werden, sodass ein nachgelagerter mechanischer Bearbeitungsprozess zu höherer Bauteilqualität und erweiterten Umformgraden gegenüber einer konventionellen Bearbeitung führt?

Forschungsthese 1:

Die Einleitung elektrischen Stroms in ein Bauteil aus hochfestem Stahl zur lokalen Erwärmung kann über zwei in Blechdickenrichtung angebrachte Elektroden erfolgen. Je nach Geometrie der Kontaktfläche werden unterschiedliche Wärmeeinflusszonen erzeugt. In einem Folgeverbundwerkzeug lässt sich die thermische Behandlung und mechanische Bearbeitung unter industrienahen Bedingungen durchführen.

Mit dieser ersten Forschungsfrage geht die Fragestellung einher, wie die Prozessparameter für den Erwärmungsprozess eingestellt werden müssen und welche zusätzlichen Bedingungen im Produktionsprozess vorliegen müssen, damit der Grad der rissfreien Umformung gegenüber einem kalten Umformprozess erhöht wird. Diese Fragenstellung wird anhand experimenteller Untersuchungen im Kragenziehen hochfester Stahlbleche untersucht. Durch Versuchsreihen und Analysen schergeschnittener Bauteile wird die Qualitätssteigerung der Schnittfläche analysiert und nachgewiesen.

Forschungsfrage 2:

Wie weit kann die rissfrei formbare Kanaltiefe oder die Querschnittsform der Kanäle metallischer BPP für PEM-Brennstoffzellen durch die lokale elektrische Widerstandserwärmung erweitert werden?

Forschungsthese 2:

Durch die Durchführung elektrischen Stroms durch ein BPP-Halbzeug kann die Werkstofftemperatur in kurzer Zeit erhöht werden, sodass größere Umformgrade erzielt werden können. Die geeignete Einstellung der Prozessparameter ermöglicht eine definierte Erwärmung und das Halten der benötigten Blechtemperatur.

Zur Beantwortung dieser zweiten Forschungsfrage wird die Umformung der BPP für unterschiedliche Kanalgeometrien, Werkstoffe und Erwärmungsparameter durchgeführt und in einem Vergleich zu den Ergebnissen der konventionellen Umformung bewertet.

Vorgehensweise

Die elektrische Widerstandserwärmung wird zunächst für die thermische Behandlung hochfester Stahlbleche entwickelt. Für ein tiefgreifendes Verständnis der Ursache-Wirkzusammenhänge der Technologie und zur Eingrenzung geeigneter Prozessparameter für die lokale, in den mechanischen Bearbeitungsprozess integrierte Erwärmung wird in Kapitel vier ein FEM-Modell der Widerstandserwärmung aufgebaut und eine numerische Simulation der Erwärmung durchgeführt. Zur realitätsnahen Abbildung der Kontaktstellen wird ein eigenes Modell entwickelt, um die Temperatur- und Druckabhängigkeit der elektrischen Leitfähigkeit in der Kontaktstelle zu berücksichtigen. Aus der Simulation werden Randbedingungen für eine Systementwicklung abgeleitet, zum Beispiel in Form von Anforderungen an die erforderliche Kontaktkraft zwischen Elektroden und Blech.

Im anschließenden Kapitel wird die Systementwicklung für einen Prüfstand beschrieben, welcher für Versuche zur Eingrenzung möglicher Parameterfenster genutzt wird.

Außerdem behandelt das fünfte Kapitel die Entwicklung eines Folgeverbundwerkzeugs mit integriertem Erwärmungsmodul.

Kapitel sechs dokumentiert die Bestimmung der Prozessparameter für die thermische Behandlung und mechanische Bearbeitung. Gefertigte Bauteile werden hinsichtlich der Prozesseigenschaften, Qualität und eventueller Gefügeveränderungen analysiert. Auf Grundlage dieser Informationen erfolgt die Validierung der numerischen Simulation. Um die lokale Erwärmung im industriellen Maßstab zu erforschen, wird nach den Untersuchungen auf dem Prüfstand die Bearbeitung in einem Folgeverbundwerkzeug mit integrierter elektrischer Widerstandserwärmung fortgesetzt.

Im siebten Kapitel erfolgt der Transfer der Erwärmungstechnologie auf das Umformen metallischer BPP. Experimentelle Untersuchungen werden in Analogie zur Analyse der Erwärmung des hochfesten Blechs auf einem Prüfstand durchgeführt. In grundlegenden Streckzieh-Versuchen werden verschiedene Kanalgeometrien geformt und der Einfluss variierender Erwärmungsparameter auf eine steigende Kanaltiefe untersucht.

Durch die Anwendung der Erwärmungstechnologie beim Kragenziehen und Scherschneiden hochfester Stähle sowie bei der Umformung metallischer BPP werden unterschiedliche Anwendungsgebiete mit variierenden Blechdicken und unterschiedlichen geometrischen Anforderungen abgedeckt. Auch die mechanischen Spannungszustände, die sich einstellen, unterscheiden sich in den genannten Anwendungen, sodass eine umfassende Bewertung der Erwärmungstechnologie mit dem Ziel der Optimierung von Umformprozessen vorgenommen werden kann.

Die Arbeit schließt mit der Zusammenfassung und einem Ausblick auf Untersuchungen, welche aufbauend auf diesen Ergebnissen durchgeführt werden können.

4 Theoretische Betrachtungen und numerische Simulation

Theoretical considerations and numerical simulation

Auf Basis von theoretischen Betrachtungen wird der Einfluss einer Temperaturerhöhung auf den Werkstoff und dessen Umformverhalten untersucht. Anwendungen wie das Kragenziehen oder lokale Härten geben Anforderungen an den Werkstoff und somit Randbedingungen für den Erwärmungs- sowie Abkühlprozess vor. Vor diesem Hintergrund wird eine Bewertung verschiedener Erwärmungstechnologien vorgenommen und die Auswahl der elektrischen Widerstandserwärmung detailliert betrachtet. Eine analytische sowie simulationsgestützte Prozessauslegung dienen der Abschätzung geeigneter Prozessparameter und Indikation relevanter Einflussgrößen. Die Darstellung und Analyse der Simulationsergebnisse schließen das Kapitel ab.

4.1 Einfluss der thermischen Bearbeitung auf Stoffeigenschaften und Umformverhalten von Stahlblechen

Effect of thermal processing to material characteristics and forming behavior of steel sheets

Um den Einfluss zunehmender Temperatur auf das Umformverhalten von Werkstoffen zu beschreiben, wird im Folgenden zunächst die Umformung auf Basis der Gitterstrukturen metallischer Werkstoffe beschrieben. Daraufhin folgen Ausführungen zum Einfluss der Temperatur sowie zur Auswahl einer geeigneten Erwärmungstechnologie.

4.1.1 Werkstoffkundliche Grundlagen

Material science fundamentals

Für die Initiierung plastischer Verformung muss mikroskopisch betrachtet eine Verschiebungsenergie aufgebracht werden, die mindestens so groß ist wie die Aktivierungsenergie, welche für die Verschiebung einer Atomreihe aus einer Gleichgewichtslage in die nächste benötigt wird. Die Aktivierungsenergie wird im realen Gitteraufbau durch Versetzungen reduziert, welche bei plastischer Verformung durch das Atomgitter bewegt werden. Das zugehörige Potenzial, das überwunden werden muss, um von einem Gleichgewichtszustand in einen benachbarten zu gelangen, ist das Peierls-Potenzial. [BLEC17]

Als Kenngröße zur Beschreibung des Umformverhaltens definiert die Fließgrenze den Übergang von elastischer zu plastischer Verformung. Sie kann gleichgesetzt werden mit der unteren Streckgrenze. Nach Überschreiten der Fließgrenze werden während einer plastischen Verformung Versetzungen nicht nur bewegt, sondern zusätzlich erzeugt. Die Versetzungsdichte in einem verformten Kristall ist beispielsweise um mehrere Zehnerpotenzen größer als im unverformten Zustand. Mit zunehmender Dehnung treten vermehrt Wechselwirkungen zwischen Versetzungen auf, sodass die Festigkeit des Werkstoffs erhöht wird. Dieser Zusammenhang wird über Fließkurven visualisiert, in denen die Fließspannung, definiert als die Spannung, die für eine weitere plastische Verformung benötigt wird, über dem Umformgrad, also der tatsächlichen Dehnung, aufgetragen wird. Die drei Haupteinflussgrößen auf Fließkurven sind das Werkstoffgefüge, die Dehnrate $\dot{\varepsilon}$ und die Temperatur [BLEC17]. Nach weiterer Erhöhung der Dehnung wird das Formänderungsvermögen des Werkstoffs weiter ausgereizt, bis die Umformgrenze erreicht ist. Ab dieser Dehnung werden durch Hohlraumbildungen Risse induziert. Weitere Informationen zu Rissentstehungsmechanismen können entsprechender Fachliteratur entnommen werden, z. B. BLECK oder GOTTSTEIN [BLEC17; GOTT14].

4.1.2 Eigenschaften und Auswirkung der Wärmebehandlung

Characteristics and impact of heat treatment

Nach BLECK lassen sich vier Wirkungen durch das Aufheizen von metallischen Werkstoffen charakterisieren:

- Thermisch aktivierte Entfestigungsvorgänge
- Reduktion des E-Moduls
- Längenänderung
- Kriechen und Relaxation

Für die Umformung bei erhöhten Temperaturen treten je nach Temperaturbereich unterschiedliche Effekte auf. Liegt die Temperatur im Bereich 80°C < T < 0,4*Schmelztemperatur (T_S), kommt es bei ferritischen Werkstoffen mit krz-Gitter zur Blausprödigkeit, einer Reduktion der Zähigkeit. Grund dafür sind Wechselwirkungen zwischen Versetzungen und interstitiellen Stickstoff- oder Kohlenstoffatomen während des Fließens. Bei T > 0,4*T_S ist eine Entfestigung durch Diffusion von Leerstellen und Grundgitteratomen zu beobachten [BLEC17]. Für S700MC mit einer Solidustemperatur von 1450°C sollte die Temperatur während der mechanischen Bearbeitung daher bei über 580°C liegen, um im Zustand der Entfestigung ohne sprödes Werkstoffverhalten umzuformen. Die chemische Zusammensetzung sowie die physikalischen Eigenschaften des Werkstoffs S700MC mit der Werkstoffnummer 1.8974 werden in Kapitel 4.1.4 beschrieben.

Bei der Entfestigung durch thermische Aktivierung wird das Peierls-Potenzial herabgesetzt. Aufgrund der höheren Eigenbewegung der Atome können einzelne Bereiche von Versetzungen unter geringerer, von außen wirkender Spannung in einen benachbarten Gleichgewichtszustand bewegt werden. Damit sinkt die Festigkeit des Werkstoffs und plastische Verformung wird durch thermische Aktivierung begünstigt. Werkstoffe mit krz-Gitter wie S700MC haben wegen der Atomanordnungen eine höhere Aktivierungsenergie als kfz-Stähle, woraus sich ein höheres Potenzial für thermische Aktivierung ergibt [BLEC17, S. 13-101]. Der Einfluss höherer Temperaturen auf den E-Modul, die Streckgrenze, Zugfestigkeit und Bruchdehnung kann Bild 4.1 entnommen werden.

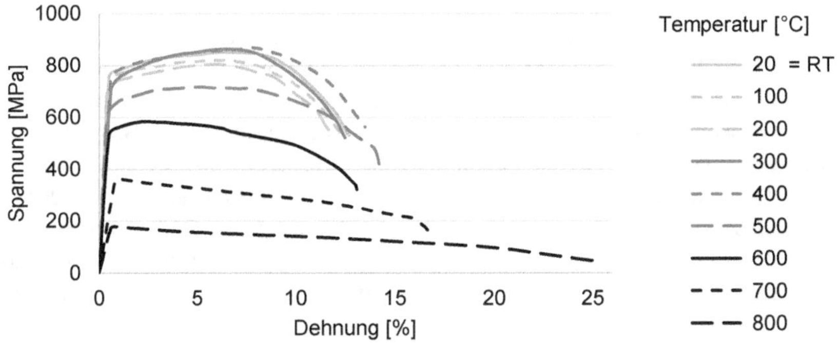

Bild 4.1: Veränderung des Spannungs-Dehnungs-Diagramms von S700MC mit zunehmender Temperatur (nach [WINF17])

Changes in stress-strain-diagram of S700MC with increasing temperature

Bei 800°C ist eine Abnahme der Zugfestigkeit um mehr als 600 MPa im Vergleich zu dem Wert bei RT zu beobachten. Gleichzeitig erhöht sich die Bruchdehnung auf über 20 %. Bei 600°C wird die Festigkeit bereits um ca. 250 MPa gegenüber RT reduziert. Unter Berücksichtigung der Blausprödigkeit ist oberhalb von 600°C demnach ein erweitertes Formänderungsvermögen zu erwarten, das sich aufgrund der beim Kragenziehen vorherrschenden Dehnung für höhere Grenzaufweitverhältnisse nutzen lässt. Zusätzlich kann durch das erweiterte Formänderungsvermögen von einem größeren Glattschnittanteil beim Scherschneiden ausgegangen werden.

Bei einer weiteren Temperaturerhöhung kann eine vollständige Gefügeumwandlung im Werkstoff in Austenit erreicht werden, wie sie z. B. für die Martensitbildung in Umwandlungshärteprozessen erforderlich ist. Zur Abschätzung der benötigten Temperaturbereiche und Zeiträume der thermischen Bearbeitung werden Zeit-Temperatur-Austenitisierungsdiagramme (ZTA) und Zeit-Temperatur-Umwandlungsdiagramme (ZTU) verwendet. Das Umwandlungshärten geschieht durch Bildung von Austenit aus einem ferritisch-perlitischen Grundgefüge. Wird die Umwandlungstemperatur überschritten, bilden sich Keime entlang der Korn- sowie Phasengrenzen, an denen Kornwachstum einsetzt, wenn die höheren Temperaturen gehalten werden. Ab der A_{c3}-Temperatur ist Ferrit vollständig in Austenit umgewandelt. Für Werkstoffe mit einem geringen Kohlenstoffanteil von 0,1 % liegt die A_{c3}-Temperatur bei ca. 870°C. Als Einflussfaktoren auf die Austenitisierung sind das Grundgefüge, die Verteilung und Größe der Karbide sowie die Aufheizgeschwindigkeit zu nennen. Eine hohe Erwärmungsgeschwindigkeit verschiebt den Prozess der homogenen Austenitbildung zu höheren Temperaturen. Erst bei Erreichen der kritischen Aufheizgeschwindigkeit ist keine weitere Überhitzung möglich und die Temperaturen für Start und Ende der Austenitbildung bleiben konstant. [BLEC16, S. 286-289]

Für das Umwandlungshärten wird nach der Austenitisierung in einem definierten Verlauf abgekühlt, um die Bildung von Martensit zu erreichen. ZTU zeigen den Einfluss des Temperaturverlaufs auf die Gefügezusammensetzung und Härte. Sie sind abhängig vom Grundwerkstoff sowie den Austenitisierungsbedingungen. Grundsätzlich wird eine schnelle Abkühlung angestrebt, um die Bildung von Ferrit, Perlit und Bainit zu unterdrücken [GOTT14, S. 440]. Als Sonderform der ZTU sind Schweiß-ZTU für Schweißanwendungen zu nennen. Gemäß der Prozessführung beim Schweißen wird in Schweiß-ZTU eine hohe Aufheizrate und kurze Haltezeit im Austenit zugrunde gelegt [BLEC16, S. 291-304]. Diese Eigenschaften des Prozesses entsprechen dem Ablauf einer Bearbeitung mit elektrischer Widerstandserwärmung. Die wesentlichen Einflussfaktoren sind die chemische Zusammensetzung des Werkstoffs, die Bedingungen der Austenitisierung sowie eine mögliche Umformung vor der Abkühlung. [BLEC16, S. 306]

GORKA hat durch experimentelle Untersuchungen in Verbindung mit einer Simulation der Phasenumwandlung ein ZTU Diagramm für S700MC erstellt. In Bild 4.2 sind die Bereiche für die Umwandlung in Ferrit, Bainit und Martensit in Abhängigkeit vom Abkühlverlauf gezeigt.

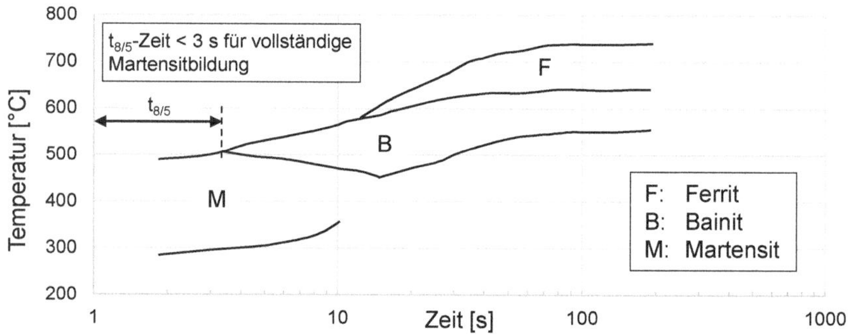

Bild 4.2: ZTU-Diagramm von S700MC nach GORKA [GÓRK15, S. 500]

TTT diagram of S700MC

Für die vollständige Umwandlung in Martensit muss die $t_{8/5}$-Zeit, in der sich der Werkstoff von 800°C auf 500°C abkühlt, bei weniger als 3 s liegen. Bei einer langsameren Abkühlung weist das Gefüge neben Martensit noch Anteile von Bainit auf.

4.1.3 Auswahl der Erwärmungstechnologie

Choice of heating technology

Für die Bearbeitungsverfahren Scherschneiden und Kragenziehen lassen sich Anforderungen an die Geometrie der Wärmeeinflusszone (WEZ) ableiten. Beim Scherschneiden ist die werkstoffseitige Haupteinflussgröße auf den Glattschnittanteil das Formänderungsvermögen des Werkstoffs, wie in Kapitel 2.1.1 beschrieben. Wird dieses überschritten, treten Risse auf, die von den Schneidkanten von Stempel und Matrize ausgehen, also sowohl von der oberen als auch unteren Blechoberfläche. Zur Unterdrückung der Rissbildung und Steigerung des Glattschnitts beim Scherschneiden wird demnach eine schneidkonturnahe WEZ mit einer Erwärmung über die gesamte Blechdicke, wie in Bild 4.3 dargestellt, benötigt.

Beim Kragenziehen sind ebenfalls die Bereiche der höchsten Spannungen im Werkstoff Ausgangspunkt von Rissen und damit relevant für die Erweiterung des Grenzaufweitverhältnisses. Diese treten als tangentiale Zugspannungen am Rand des Vorlochs durch die Aufweitung des Durchmessers auf. Die Erwärmung sollte daher im Randbereich des Vorlochs mit kreisförmiger WEZ über die gesamte Blechdicke vorgenommen werden.

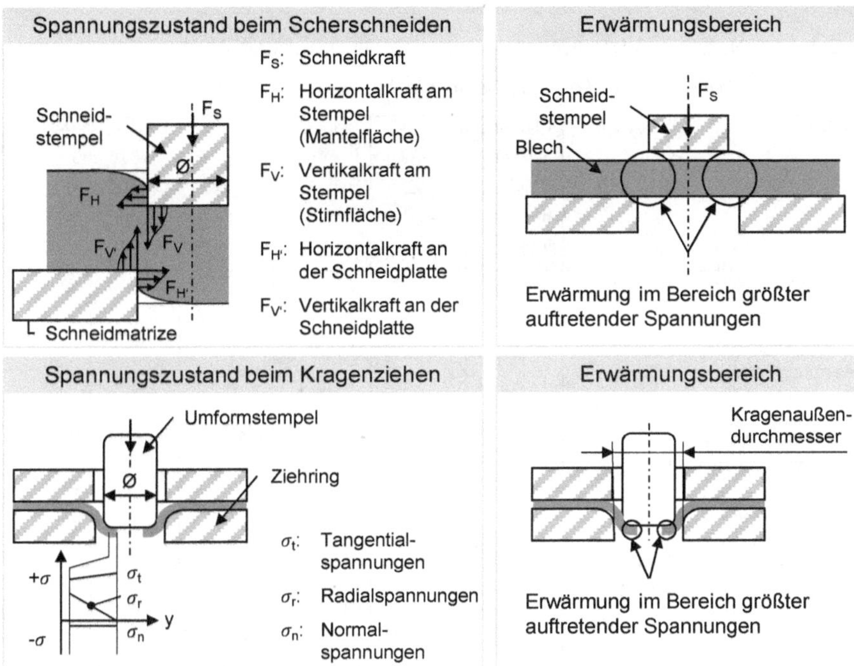

Bild 4.3: Bereich des Blechs für die Erwärmung basierend auf den auftretenden Spannungen während der Umformung (nach [LANG90; OTTO03])

Favored area for heating based on material tensions during forming

Für den Nachweis des hohen technischen Reifegrads des Prozesses durch die Umsetzung in einem Folgeverbundwerkzeug ergeben sich zusätzliche Anforderungen an den Prozess und die Systemtechnik. Die lokale Erwärmung muss innerhalb eines Pressenhubs erfolgen, sodass die Temperaturerhöhung in einem kurzen Zeitfenster geschehen muss. Weiterhin sollte das System durch die Umgebung in der Presse robust ausgeführt und unempfindlich gegenüber Vibrationen und Verunreinigungen wie z. B. Schmierstoff sein. [STOR21, S. 134]

Gemäß Kapitel 2.3 sind unterschiedliche Verfahren für die Erwärmung einsetzbar. Eine Nutzwertanalyse für die Anwendung des thermisch unterstützten Scherschneidens und Kragenziehens ist in Tabelle 4.1 gezeigt. Die Analyse wird durchgeführt für den Fall der thermischen Behandlung zum Umformen eines Kragens in einem hochfesten Stahl S700MC mit einer Blechstärke von 2 mm. Der Krageninnendurchmesser soll 7,45 mm betragen. Weitere Details zur Geometrie können Kapitel 6.1.2 entnommen werden. Die elektrische Widerstandserwärmung mit den spezifischen Eigenschaften einer kurzen benötigten Erwärmungsdauer und durchgängigen Erwärmung der gesamten Blechdicke eignet sich demnach unter den analysierten Technologien am besten.

Tabelle 4.1: Nutzwertanalyse von möglichen Erwärmungsverfahren

Utility analysis of possible heating technologies

Kriterium	Gewicht	Elektrische Widerstandserwärmung		Induktive Erwärmung		Laserbasierte Erwärmung	
		Einzelbewertung	Nutzwert	Einzelbewertung	Nutzwert	Einzelbewertung	Nutzwert
Benötigte Erwärmungsdauer	20 %	7	1,4	7	1,4	5	1
Durchgängige Erwärmung über Blechdicke	20 %	10	2	7	1,4	4	0,8
Systemkomplexität	5 %	8	0,4	8	0,4	4	0,2
Investitionskosten	20 %	10	2	8	1,6	1	0,2
Eignung für lokale Erwärmung	10 %	10	1	10	1	10	1
Fehleranfälligkeit der Systemtechnik	10 %	6	0,6	8	0,8	4	0,4
Energieeffizienz	10 %	8	0,8	6	0,6	5	0,5
Flexibilität der Erwärmungsgeometrie	5 %	5	0,25	3	0,15	10	0,5
Gesamt	**100 %**		**8,45**		**7,35**		**4,6**

Durch das physikalische Wirkprinzip weist die Technologie der elektrischen Widerstandserwärmung eine hohe Eignung für die lokale Erwärmung von geringen bis großen Blechdicken auf, da durch den elektrischen Stromfluss Wärme innerhalb des Werkstücks erzeugt wird. Zudem ist die Systemtechnik robust ausgeführt und hat eine geringe Systemkomplexität, sodass eine hohe Standzeit bei geringen Investitionskosten vorliegt und somit wirtschaftliche Vorteile entstehen. Aufgrund der hohen Energieeffizienz sind geringe Betriebskosten zu erwarten. Die geringe Flexibilität hinsichtlich der Erwärmungsgeometrie hat für Prozesse mit hohen Stückzahlen, in denen es um eine gleichförmige und reproduzierbare Erwärmung geht, nur geringe Bedeutung.

Abschließend ist festzuhalten, dass die konduktive Erwärmung aufgrund der dargestellten Vorteile im weiteren Verlauf dieser Arbeit in experimentellen Analysen eingesetzt und bewertet wird. Die Untersuchungen erfolgen dabei für unterschiedliche Werkstoffe hoher Festigkeiten.

4.1.4 Werkstoffcharakterisierung

Material characterization

Für die numerische Simulation und in den experimentellen Versuchsreihen (vgl. Kap. 6) der vorliegenden Arbeit wird der warmgewalzte Feinkornbaustahl S700MC eingesetzt. Er findet Anwendung in Quer- und Längsträgern sowie sicherheitsrelevanten Strukturbauteilen in Fahrzeugen. Die Bearbeitung dieser Bauteile erfolgt häufig in umformenden sowie scherschneidenden Verfahren [SALZ15]. Die chemische Zusammensetzung des Versuchswerkstoffs für den Einsatz im Folgeverbundwerkzeug ist in Tabelle 4.2 aufgelistet.

Tabelle 4.2: Chemische Zusammensetzung des eingesetzten Coilmaterials in % [DIN13a]

Chemical material composition of the utilized coil in %

	C	Si	Mn	P	S
Wert der Charge	0,10	0,435	1,997	0,018	0,002
Sollwert	Max. 0,12	Max. 0,60	Max. 2,10	Max. 0,025	Max. 0,015

	Al	Mo	Nb	Ti	V	B
Wert der Charge	0,039	0,094	0,046	0,082	0,084	0
Sollwert	Min. 0,015	Max. 0,50	Max. 0,09	Max. 0,22	Max. 0,20	Max. 0,005

Mikrolegierungen und die Kombination aus einem niedrigen Kohlenstoffgehalt mit Titan, Niob, Molybdän und gegebenenfalls geringen Mengen Bor (< 20 ppm) ermöglichen die hohen Festigkeiten bei gleichzeitig sehr guten Zähigkeitseigenschaften [GRIL10, S. 209]. Mit einem Kohlenstoffgehalt von < 0,12 % handelt es sich um einen untereutektoiden Stahl. Tabelle 4.3 gibt einen Überblick über die physikalischen Eigenschaften von S700MC.

Tabelle 4.3: Physikalische Eigenschaften des eingesetzten Coilmaterials

Physical characteristics of the utilized coil

	Festigkeit	Streckgrenze	Bruchdehnung
Wert der Charge	940 N/mm²	860 N/mm²	14 %
Sollwert	750 - 950 N/mm²	≥ 700 N/mm²	Min. 10 %

Durch das feinkörnige ferritische Grundgefüge (vgl. Bild 4.4) weist der Stahl gute Verformungs- und Biegeeigenschaften auf [SALZ15]. Das Schliffbild des selbstabgeschreckten Gefüges zeigt die nadelige Martensitstruktur, die sich bei schneller Abkühlung aufgrund der Behinderung der Diffusionsmöglichkeiten für Kohlenstoff ausbildet. Bei der Abkühlung von S700MC als kohlenstoffarmem Stahl wird die Ausbildung des sogenannten Lanzett-Martensits erwartet, der eine Speerspitzen-Form aufweist und sich durch eine relativ geringe Härte auszeichnet [SCHI23].

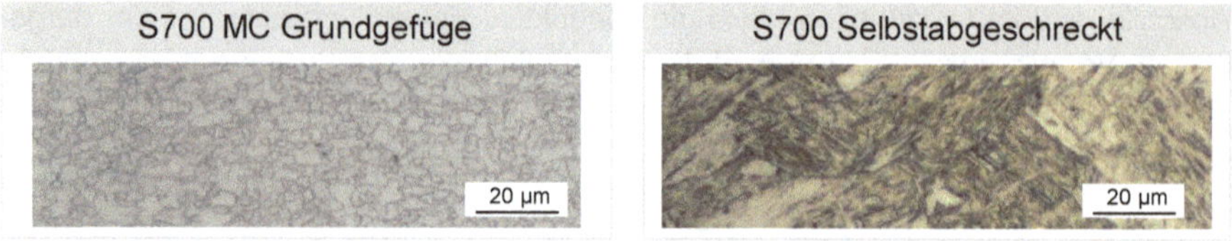

Bild 4.4: Gefüge von S700MC im Ausgangszustand und S700 nach Selbstabschreckung [FÜLL22; FÜLM22]

Microstructure of S700MC in the initial state and after self-quenching

Neben S700MC werden mit C75, C45 und 42CrMo4 weitere hochfeste Werkstoffe für die Untersuchung der Eignung elektrischer Widerstandserwärmung herangezogen. C75 stellt einen Federstahl mit ähnlichen Festigkeiten wie S700MC dar. C45 weist hohe Festigkeiten bei einem mittleren Kohlenstoffgehalt auf. Der Vergütungsstahl 42CrMo4 ergänzt mit Festigkeiten von bis zu 1200 MPa die eingesetzten Stähle. Dieser Werkstoff wird für Bauteile im Automobil- und Flugzeugbau eingesetzt, die eine hohe Zähigkeit erfordern. Darunter fallen z. B. Pleuelstangen oder Zahnräder.

4.2 Analytische Prozessauslegung der elektrischen Widerstandserwärmung

Analytical process design of conductive heating

Die Eigenschaft elektrischer Widerstandserwärmung, elektrische Energie unmittelbar im Werkstoff durch den elektrischen Widerstand in Wärme umzuwandeln, beeinflusst das entstehende Temperaturprofil im Blech. Im Gegensatz zu Erwärmungsverfahren, bei denen die Energie entlang der Oberfläche aufgenommen wird, ist zu erwarten, dass sich die Maximalwerte der Temperatur entlang der Mittelebene des Blechs einstellen. Bild 4.5 zeigt die qualitativen Temperaturprofile bei der konduktiven Erwärmung im Vergleich zum laserbasierten Erwärmungsverfahren, bei dem die Temperatur über die Bauteiloberfläche aufgenommen und durch Wärmeleitung in das Bauteil geleitet wird. Die Graufärbung kennzeichnet die jeweilige WEZ.

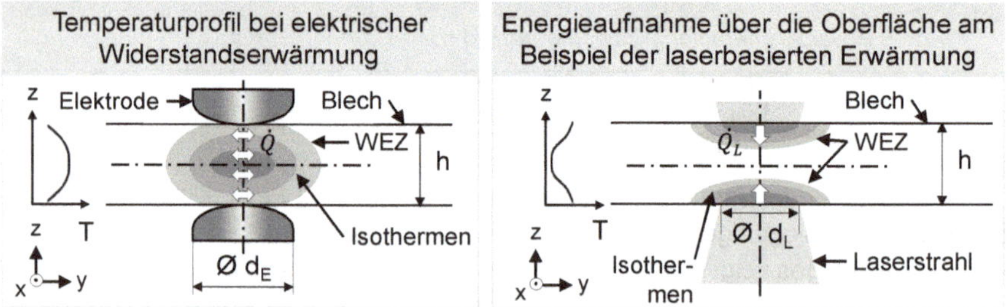

Bild 4.5: Qualitative Temperaturverteilung über der Blechdicke bei unterschiedlichen Erwärmungsverfahren

Qualitative temperature distribution along the sheet thickness for different heating technologies

Im Folgenden werden die Erwärmung durch elektrischen Stromfluss und Abkühlung während des Transfers zwischen der thermischen und mechanischen Bearbeitungsstufe hinsichtlich ihrer Wärmeübertragung analysiert. Wie in Formel 2.1 im Kapitel 2.3.4 beschrieben, lässt sich die Temperatursteigerung während der elektrischen Widerstandserwärmung unter der Annahme einer homogenen Wärmeverteilung ausdrücken als:

$$\Delta T = \frac{Q_{el}}{m*c} = \frac{I^2*R*t}{m*c} = \frac{P*t}{m*c} \tag{4.1}$$

ΔT:	Temperaturdifferenz	[K]	I:	Stromstärke	[A]
Q_{el}:	Wärmemenge	[Ws]	R:	Elektrischer Widerstand	[Ω]
m:	Masse	[kg]	t:	Zeitdauer	[s]
c:	Spezifische Wärmekapazität	[kJ/(kgK)]	P:	Elektrische Leistung	[W]

Für ein 3 mm dickes Stahlblech mit der Dichte ρ = 8,3 kg/dm^3 kann damit die Temperaturdifferenz bei einer elektrischen Leistung von P = 5 kW und einer Erwärmungsdauer von t = 0,5 s auf 694,98 K abgeschätzt werden. Dieser groben Abschätzung liegen folgende Annahmen zugrunde: Die spezifische Wärmekapazität des Stahls beträgt c = 460 J/(kgK) und die elektrische Energie wird ohne Verluste in das Blech eingebracht und dort in einem zylindrischen Element mit dem Radius r = 10 mm vollständig in Wärme umgewandelt. Die Dichte und spezifische Wärmekapazität werden als Konstanten angenommen und entsprechen den Werten bei T = 20°C. Eine analytische Berechnung ist nur mit diesen Vereinfachungen unter vertretbarem Rechenaufwand möglich. Weiterhin kann mit dieser Formel keine Temperaturverteilung über der Blechdicke bestimmt werden.

Nach der Erwärmung bedingen die Mechanismen Wärmeleitung, Konvektion und Wärmestrahlung die Abkühlung des Stahlblechs. Gemäß Bild 4.6 findet die Wärmeleitung innerhalb des Blechs sowie zwischen Blech und Elektroden statt, während die thermische Energie durch Konvektion und Wärmestrahlung die Bilanzhülle des Blechs über die Oberfläche verlässt.

Temperaturprofil bei elektrischer Widerstandserwärmung

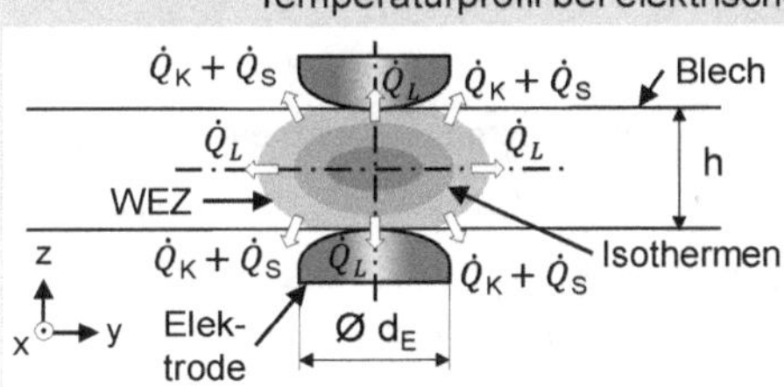

d_E	Elektrodendurchmesser
h	Blechstärke
$\dot{Q}_K$	Konvektion
$\dot{Q}_L$	Wärmeleitung
$\dot{Q}_S$	Wärmestrahlung
WEZ	Wärmeeinflusszone

Bild 4.6: Mechanismen der Wärmeübertragung im Blech während des Abkühlvorgangs

Mechanisms of heat transfer inside the sheet during cooling

4.2.1 Wärmeleitung

Thermal conduction

Zur Berechnung der Wärmeverteilung im Blech bedingt durch Wärmeleitung kann die Fouriersche Wärmeleitungs-Differentialgleichung (DGL), Formel 4.2, herangezogen werden [KNEE11, S. 42].

$$\rho c \frac{\partial T}{\partial t} = \frac{1}{r}\frac{\partial}{\partial r}\left(r\lambda\frac{\partial T}{\partial r}\right) + \frac{1}{r^2}\frac{\partial}{\partial \theta}\left(\lambda\frac{\partial T}{\partial \theta}\right) + \frac{\partial}{\partial z}\left(\lambda\frac{\partial T}{\partial z}\right) + \phi \tag{4.2}$$

ρ:	Dichte	[kg/m³]	t:	Zeit	[s]
c:	Spezifische Wärmekapazität	[kJ/(kgK)]	r, Θ, z:	Zylinderkoordinaten	[-]
T:	Temperatur	[K]	λ:	Wärmeleitfähigkeit	[W/(mK)]
			ϕ:	Volumetrische Quellstärke	[W/m³]

Die linke Seite der Gleichung beschreibt die Wärmespeicherfähigkeit des Werkstücks, während die rechte Seite mathematische Beschreibungen der Wärmeleitung sowie die Wärmequellstärke enthält. Für rotationssymmetrische Systeme lässt sich diese Gleichung vereinfachen, da die Terme mit Abhängigkeit von θ zu null gesetzt werden können.

Die dimensionslose Biot-Zahl (Formel 4.3) dient als Kennzahl in der Strömungsmechanik und erlaubt im vorliegenden Anwendungsfall durch das Verhältnis von Wärmeübergang zu Wärmeleitung in instationären Prozessen eine Abschätzung des Temperaturgradienten innerhalb des Blechs [KNEE11, S. 68]. Ist die Biot-Zahl Bi << 1 kann eine gleichförmige Wärmverteilung im Blech angenommen werden, sodass die Summanden in der Wärmeleitungs-DGL, die eine Ableitung nach z enthalten, ebenfalls vernachlässigt werden können. Bei Bi >> 1 liegt aufgrund eines hohen Wärmeübergangs bei geringer Wärmeleitung während des Abkühlprozesses ein hoher Temperaturgradient innerhalb des Blechs vor. In diesem Fall wird die Wärme größtenteils aus den Randbereichen des Blechs abgegeben.

$$\mathrm{Bi} = \frac{\delta_t * \alpha}{\lambda} = \frac{\text{Wärmeübergang}}{\text{Wärmeleitung}} \tag{4.3}$$

Bi:	Biot-Zahl	[-]	α:	Wärmeübergangskoeffizient	[W/(m²K)]
δ_t:	Charakteristische Länge	[mm]	λ:	Wärmeleitfähigkeit	[W/(mK)]

Für die Abkühlung des S700MC Blechs bei einem Temperaturunterschied von 880°C zwischen Blech und Umgebungsluft beträgt die Biot-Zahl für die vorliegende Anwendung $9{,}6 \cdot 10^{-4} \ll 1$. Für die Berechnung des benötigten Wärmeübergangskoeffizienten α sei auf die folgenden Ausführungen in diesem Kapitel zur Konvektion verwiesen. Mit dieser niedrigen Biot-Zahl sind die Voraussetzungen für die Anwendung der eindimensionalen, instationären Wärmeleitungsgleichung (Formel 4.4) gegeben.

$$\rho c \frac{\partial T}{\partial t} = \frac{1}{r}\frac{\partial}{\partial r}\left(r\lambda\frac{\partial T}{\partial r}\right) + \phi \quad (4.4)$$

ρ:	Dichte	[kg/m³]	*t:*	Zeit	[s]
c:	Spezifische Wärmekapazität	[kJ/(kgK)]	*r:*	Radius	[mm]
T:	Temperatur	[K]	*λ:*	Wärmeleitfähigkeit	[W/(mK)]
			ϕ:	Volumetrische Quellstärke	[W/m³]

Analytische Lösungen dieser DGL sind grundsätzlich möglich, indem anwendungsspezifische Randbedingungen definiert werden, die z. B. die Temperatur an bestimmten Positionen zu Beginn des Prozesses festlegen. Allerdings gilt dies nicht für Lastfälle mit zyklisch variierenden Randbedingungen, die sich im Allgemeinen nicht mittels analytischer Lösungen berechnen lassen. [KNEE11, S. 71-76]

4.2.2 Konvektion

Convection

Zur Ermittlung der Konvektion kann der Wärmeübergangskoeffizient α bestimmt werden. Er lässt sich ableiten aus der Nußelt-Zahl N_u, für deren Berechnung die dimensionslosen Kennwerte Grashof-Zahl G_r, Prandtl-Zahl P_r und Rayleigh-Zahl R_{ay} benötigt werden. Die Grashof-Zahl G_r gibt das Verhältnis von Auftrieb zu viskoser Kraft an und wird im Bereich der Strömungslehre sowie der Wärmeübertragung verwendet [WANG12, S. 1853].

$$G_r = \frac{g*\beta*\Delta T*\delta^3}{\nu^2} = \frac{\text{Auftriebskraft}}{\text{Viskose Kraft}} \quad (4.5)$$

G_r:	Grashof-Zahl	[-]	*ΔT:*	Temperaturdifferenz	[K]
g:	Erdbeschleunigung	[m/s²]	*δ:*	Charakteristische Länge	[mm]
β:	Wärmeausdehnungskoeffizient	[1/K]	*ν:*	Kinematische Viskosität	[m²/s]

Aus der Berechnung der Rayleigh-Zahl kann abgeschätzt werden, ob die Wärmeübertragung innerhalb eines Fluids (also vom Blech in Luft) überwiegend durch Konvektion oder Wärmeleitung geschieht [WANG12, S. 1854].

$$R_{ay} = G_r * P_r \quad (4.6)$$

R_{ay}:	Rayleigh-Zahl	[-]	*P_r:*	Prandtl-Zahl	[-]
G_r:	Grashof-Zahl	[-]			

Das Verhältnis von Konvektion zu Wärmeleitung bei der Wärmeübertragung zwischen einem Festkörper und einem Fluid wird über die Nußelt-Zahl ausgedrückt. Da die Rayleigh-Zahl mit einem berechneten Wert von 1.002.716 unter 10^7 liegt, wird die Nußelt-Zahl wie folgt berechnet [LIEN19, S. 434]:

$$\mathrm{N_u} = \frac{\left(0{,}56 * \mathrm{R_{ay}}^{0{,}25}\right)}{\left(1+\left(\frac{0{,}492}{\mathrm{P_r}}\right)^{\frac{9}{16}}\right)^{\frac{4}{9}}} \tag{4.7}$$

N_u:	Nußelt-Zahl	[-]	P_r:	Prandtl-Zahl [-]
R_{ay}:	Rayleigh-Zahl	[-]		

Somit kann der Wärmeübergangskoeffizient bestimmt werden, der im vorherigen Unterkapitel in Formel 4.3 für die Berechnung der Biot-Zahl eingesetzt wurde [LIEN19].

$$\alpha = \frac{\mathrm{N_u} * \lambda}{\delta} \tag{4.8}$$

α:	Wärmeübergangskoeffizient	[W/(m²K)]	λ:	Wärmeleitfähigkeit	[W/(mK)]
N_u:	Nußelt-Zahl	[-]	δ:	Charakteristische Länge	[mm]

Mit ansteigender Blechdicke erhöht sich die Biot-Zahl, wie in Bild 4.7 gezeigt. Für den vorliegenden Anwendungsfall mit einer Blechdicke von 3 mm beträgt der Wärmeübergangskoeffizient α = 16,08 W/(m²K), wodurch sich eine Biot-Zahl von $9{,}6 * 10^{-4}$ einstellt. Die Auswertung der analytischen Berechnungen in Bild 4.7 zeigt, dass die Bedingung Bi << 1 als Grundlage für die Annahme einer gleichförmigen Temperaturverteilung im Blech auch bei höheren Wärmeübergangskoeffizienten gegeben ist. Dies bestätigt die Annahme einer gleichförmigen Temperaturverteilung im Abkühlprozess. Dennoch muss das Ergebnis vor dem Hintergrund der zahlreichen Vereinfachungen gesehen werden, die getroffen wurden, um überhaupt eine analytische Abschätzung vornehmen zu können.

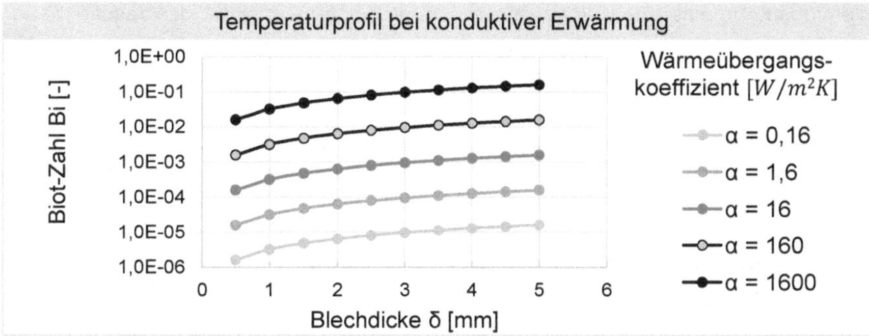

Bild 4.7: Entwicklung der Biot-Zahl in Abhängigkeit von der Blechdicke für unterschiedliche Wärmeübergangskoeffizienten

Development of the Biot-Number depending on the sheet thickness for varying heat transfer coefficients

Mithilfe des bekannten Wärmeübergangskoeffizienten lässt sich der Wärmestrom aus dem Blech heraus während der Abkühlung mit folgender Formel berechnen.

$$\dot{Q} = \alpha * A * \Delta T \tag{4.9}$$

$\dot{Q}$:	Wärmestrom	[W]	A:	Fläche	[m²]
α:	Wärmeübergangs-koeffizient	[W/(m²K)]	ΔT:	Temperaturdifferenz	[K]

Demnach gibt das Blech bei einer Temperatur von 900°C über eine 10 mm große, kreisrunde Fläche einen Wärmestrom von 8,89 W über Konvektion an die Umgebungsluft ab, wenn deren Temperatur 20°C beträgt.

4.2.3 Wärmestrahlung

Thermal radiation

Der Betrag der thermischen Energie, der über Wärmestrahlung abgegeben wird, lässt sich mit dem Stefan-Boltzmann-Gesetz berechnen [BÖCK09].

$$\dot{q} = \frac{\dot{Q}}{A} = \sigma_S * \varepsilon * (T_1^4 - T_2^4) \Leftrightarrow \dot{Q} = 20{,}17\ \mathrm{W} \tag{4.10}$$

$\dot{q}$:	Wärmestromdichte	[W/m²]	σ_S:	Stefan-Boltzmann-Konstante	[W/(m²K⁴)]
$\dot{Q}$:	Wärmestrom	[W]	ε:	Emissionsgrad	[-]
A:	Fläche	[m²]	T:	Temperatur	[K]

Für eine kreisförmige Oberfläche mit dem Radius von 10 mm, die auf eine Temperatur von 900°C erwärmt wurde, beläuft sich der Wärmestrom durch Strahlung auf 20,17 W bei 20°C Umgebungstemperatur. Damit macht die in Kapitel 4.2.2 berechnete Konvektion während der Abkühlung ca. 44 % des Wärmeverlusts durch Wärmestrahlung aus.

Allerdings kann eine analytische Berechnung nur unter Annahme der beschriebenen Vereinfachungen vorgenommen werden. Zur präziseren Berechnung der Temperaturverteilung während und nach dem Erwärmungsprozess unter Berücksichtigung der nichtlinearen Temperaturabhängigkeit der thermischen Leitfähigkeit λ, der spezifischen Wärmekapazität c sowie des elektrischen Widerstands R wird daher eine numerische Simulation durchgeführt. Im folgenden Unterkapitel wird der Aufbau des Modells beschrieben.

4.3 Modellierung der elektrischen Widerstandserwärmung

Modeling of electrical resistance heating

Da die Temperaturverteilung im Blechwerkstoff durch die eingeschränkte Zugänglichkeit während der konduktiven Erwärmung experimentell nur bedingt ermittelt werden kann, wird für die Analyse des Temperaturzustands eine numerische Simulation mit der Software ABAQUS durchgeführt. Ziele der Simulation sind die präzise Berechnung der Temperaturverteilung sowie die Eingrenzung möglicher Parameterfenster für eine erfolgreiche konduktive Erwärmung.

Zur numerischen Berechnung des Prozesses werden gemäß Bild 2.17 Informationen zwischen dem elektrischen, thermischen und mechanischen Modell unter Berücksichtigung von Nichtlinearitäten einiger Werkstoffkennwerte ausgetauscht. Wie in Bild 4.8 in der Schnittansicht gezeigt, wird ein Ausschnitt des Gesamtsystems bestehend aus dem zu erwärmenden Blech und zwei Elektrodenkappen betrachtet und die Erwärmung sowie Abkühlung simuliert.

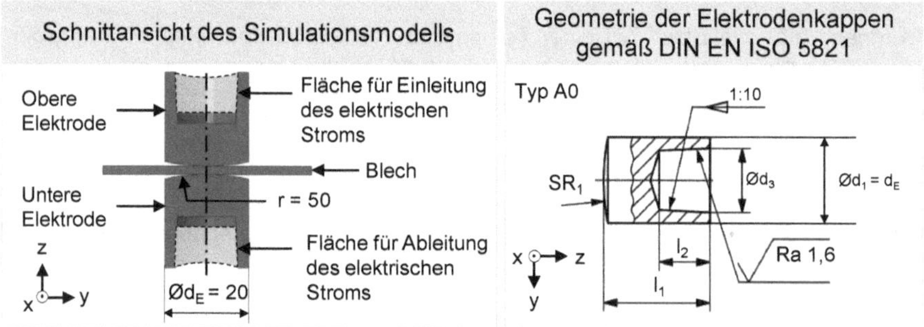

Bild 4.8: Schnittdarstellung des Modells und der eingesetzten Elektrodenkappen [DIN10]

Sectional view of the model and the utilized electrode caps

Die Geometrie der Elektrodenkappen ist nach DIN EN ISO 5821, Typ A0 ausgewählt, deren sphärisch ausgeformte Oberfläche Vorteile für die Kontaktierung des Blechs hinsichtlich der Gleichförmigkeit und Reproduzierbarkeit der WEZ bietet. Bei linien- oder flächenförmigem Kontakt kommt es gemäß dem Stand der Technik (vgl. Kapitel 2.4.1) zur Ausbildung von Hot Spots an den Stellen geringeren Widerstands. Weitere Kriterien zum Auswahlprozess der Geometrien der Elektrodenkappen sind in Kapitel 6.1 beschrieben.

Werkstoffseitig bestehen die Elektrodenkappen aus dem niedriglegierten Kupferwerkstoff 2.1293 (CuCr1Zr), der unter anderem in Elektroden bei Punktschweißprozessen in der Automobilindustrie zum Einsatz kommt und sich durch hohe thermische und elektrische Leitfähigkeit auszeichnet [META21]. Als Blechwerkstoff wird S700MC simuliert. Für die Werkstoffkennwerte E-Modul, Poissonzahl, Dichte, thermische und elektrische Leitfähigkeit, den Wärmeausdehnungskoeffizient sowie die spezifische Wärmekapazität sind temperaturabhängige Datensätze hinterlegt. Details zur Gittervernetzung der Komponenten und den verwendeten dreidimensionalen Elementen sind in Bild 4.9 angegeben.

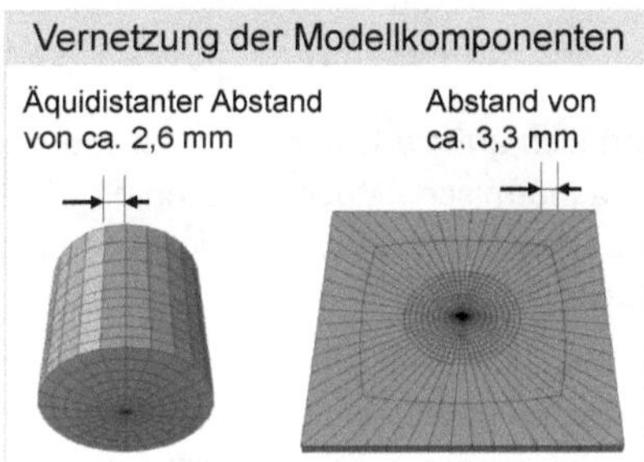

	Elektrodenkappen	Blech
Elementtyp	Q3D8 Q3D6	Q3D8 Q3D6
Anzahl Elemente	Typ Q3D8: 1344 Typ Q3D6: 144 Gesamt: 1488	Typ Q3D8: 2640 Typ Q3D6: 240 Gesamt: 2880
Anzahl Knoten	1807	3605

Bild 4.9: Vernetzung der Komponenten mit dreidimensionalen Gitterelementen

Meshing of components with three-dimensional elements

Eine Konvergenzanalyse wird durchgeführt, um die Unabhängigkeit des Simulationsergebnisses von der Art und Größe der Gitterelemente sicherzustellen. Als Ergebnis ist das Gesamtmodell aus 7219 Knoten aufgebaut.

4.4 Parametervariation der Simulation

Parameter variation of the simulation

Die Kontaktkraft der Elektroden auf das Blech, die elektrischen Leistungsparameter und die Blechdicke sind wesentliche Prozessparameter, die das Ergebnis der Erwärmung beeinflussen. Tabelle 4.4 enthält eine Übersicht zu den simulierten Parameterwerten. Die Kontaktkräfte ergeben sich aus dem eingestellten Luftdruck in den Pneumatikzylindern des Prüfstands und der mechanischen Kraftumlenkung auf die Elektroden. Weiterführende Informationen sind in Kap. 5.2.2 aufgeführt.

Tabelle 4.4: Parametervariationen in der numerischen Simulation

Variations of parameters in numerical simulation

Parameter	Simulierte Parameterwerte
Kontaktkraft [N]	1357; 2715; 4072 (berechnet aus unterschiedlichem Luftdruck im Andruckzylinder)
Stromstärke [A]	2311; 3000; 3600
Blechdicke [mm]	2; 3
Wechselstromfrequenz [Hz]	50

Weitere thermische Randbedingungen beziehen sich auf die Umgebungs- sowie Anfangstemperatur des Systems von 20°C. Für das thermische Modell werden die Konvektion zwischen Elektrodenkappen, Blech und Umgebungsluft sowie die wasserbasierte Innenkühlung der Elektrodenkappen berücksichtigt.

Das thermische, elektrische und mechanische Modell beeinflussen den elektrischen Kontaktwiderstand am Übergang zwischen Elektroden und Blech. Mit steigender Kontaktkraft erhöht sich die tatsächliche Kontaktfläche, wodurch der Kontaktwiderstand sinkt, vgl. Bild 4.10.

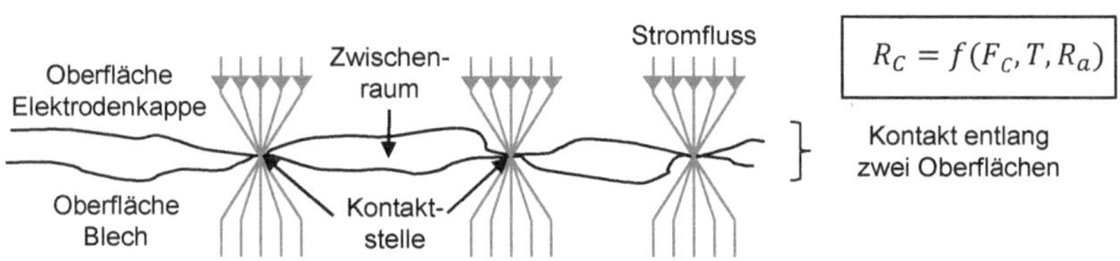

Bild 4.10: Tatsächlicher Kontakt und Stromfluss entlang der Rauheitsspitzen

Actual contact area and flow of electrical current along the surface asperities

Neben der Kontaktkraft hängt der Kontaktwiderstand in starkem Maß von der Oberflächenrauheit und der Temperatur der Kontaktflächen ab. Im Ausgangszustand bei RT liegt die statische elektrische Leitfähigkeit vor, wenn kein Strom durch das Bauteil fließt. Der Einfluss der variierenden Temperatur wird durch die dynamische elektrische Leitfähigkeit erfasst und entsprechend in der Simulation eingesetzt. Allgemeine Details zur Entwicklung des elektrischen Kontaktwiderstands mit steigender Temperatur sind in Kapitel 2.4.1 angegeben.

Auch die thermische Leitfähigkeit unterliegt den genannten Einflussparametern. Zur Berücksichtigung dieser Effekte für die elektrische und thermische Leitfähigkeit werden die Subroutines GAPELECTR und GAPCON eingebunden. GAPELECTR berechnet die elektrische Stromdichte J zwischen Kontaktflächen in Abhängigkeit von der Temperatur und der Kontaktkraft als:

$$J = \sigma_g(\varphi_A - \varphi_B) \tag{4.11}$$

J:	Elektrische Stromdichte	[A/m²]	φ_A:	Elektrisches Potenzial im Punkt A	[V]
σ_g:	Elektrische Leitfähigkeit entlang einer Kontaktfläche	[S/m²]	φ_B:	Elektrisches Potenzial im Punkt B	[V]

Über GAPCON wird die thermische Leitfähigkeit zwischen Kontaktoberflächen (thermal contact conductance, TCC) berechnet, sodass eine Abschätzung der Wärmeübertragung in Form von Wärmeleitung und –strahlung normal zur Oberfläche möglich ist.

$$\dot{q} = k(\theta_A - \theta_B) \tag{4.12}$$

$\dot{q}$:	Wärmestromdichte	[W/m²]	θ_A:	Oberflächentemperatur am Punkt A	[K]
k:	Spaltleitwert	[J/(sm²K)]	θ_B:	Oberflächentemperatur am Punkt B	[K]

Die Subroutine GAPCON berücksichtigt sowohl die Temperatur- als auch Druckabhängigkeit der thermischen Leitfähigkeit. Die Ergebnisse der Simulation der Temperaturentwicklung unter Einbeziehung dieser beiden Subroutines werden im folgenden Kapitel beschrieben.

4.5 Simulationsergebnisse

Results of the simulation

Die Ergebnisse der Simulation werden im folgenden Kapitel für den Erwärmungs- und Abkühlprozess von S700MC beschrieben. Für eine rechnerische Abschätzung der benötigten Prozessparameter sowie ein besseres Verständnis des Zusammenhangs unterschiedlicher Prozessparameter auf die Temperaturentwicklung wird die Temperaturentwicklung für unterschiedliche Parameterkombinationen berechnet.

4.5.1 Erwärmungsverlauf

Heating process

Im folgenden Kapitel ist der Temperaturverlauf an unterschiedlichen Positionen im Modell sowie in Abhängigkeit von der Kontaktkraft, Stromstärke, Blechdicke und Erwärmungsdauer gezeigt. Da das Materialmodell keine Gültigkeit für die Flüssigphase hat, wird die Temperatur bis zum Erreichen der Solidustemperatur von 1450°C analysiert. Bild 4.11 zeigt den Temperaturverlauf der Erwärmung in der Mittelebene des 2 mm dicken Blechs zentrisch zwischen den Elektroden.

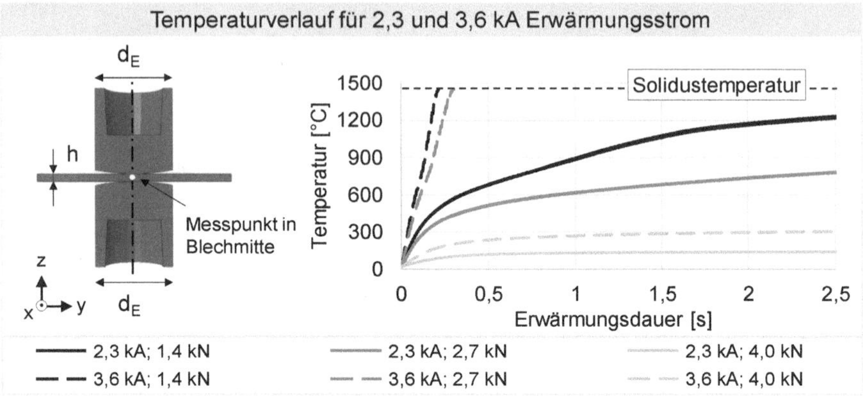

Bild 4.11: Temperaturentwicklung in der Mittelebene des Blechs für unterschiedliche Stromstärken und Kontaktkräfte

Development of temperature in the center of the sheet for different electric currents and contact forces

Grundsätzlich bedingt eine geringere Kontaktkraft einen steileren Temperaturanstieg. Bei einer Kontaktkraft von 1,4 oder 2,7 kN führt der höhere Erwärmungsstrom von 3,6 kA zum Erreichen der Solidustemperatur in unter 0,5 s. Bei der höchsten simulierten Kraft von 4,0 kN wird ein thermischer Gleichgewichtszustand zwischen der Widerstandserwärmung und der Wärmeabgabe des Blechs erreicht.

In kontinuierlichen ZTA-Diagrammen wird die Erwärmung üblicherweise bis zu Aufheizraten von max. 2400°C/s aufgetragen. Mit der konduktiven Erwärmung können je nach Prozessparametern höhere Aufheizraten erreicht werden, sodass die Anwendbarkeit existierender ZTA-Diagramme im Einzelfall zu prüfen ist.

Wenn für den Anwendungsfall eine Gefügeumwandlung vermieden werden soll, ist darauf zu achten, nicht über die A_{c1}-Temperatur zu erwärmen, welche den Beginn der Austenitbildung bei einem Erwärmungsprozess darstellt.

Zur weiteren Analyse des Erwärmungsverhaltens ist in Bild 4.12 der Anstieg der Temperatur an unterschiedlichen Positionen im Modell gezeigt. Aufgeführt ist die Temperatur in der Blechmitte, der Blechoberfläche sowie der Elektrodenoberfläche. Die Ergebnisse zeigen den Temperaturverlauf für eine Kontaktkraft von 2,7 kN an einem 2 mm dicken Blech bei 3,0 kA elektrischem Strom.

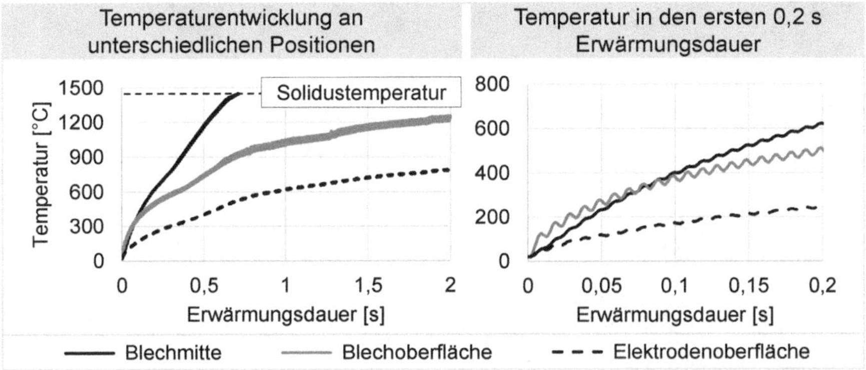

Bild 4.12: Vergleich des Temperaturverlaufs an Blechmitte, Blechoberfläche und Elektrodenoberfläche

Comparison of temperature development at the central level of the sheet, its surface and the electrode's surface

Der wellenförmige Verlauf der Temperatur in der rechten Abbildung ist auf den Wechselstrom zurückzuführen. Gemäß der Joulschen Erwärmung wird in der Blechmitte die höchste Temperatur erreicht. Während der ersten 0,1 s Erwärmungsdauer weist die Oberfläche des Blechs höhere Temperaturen als die Blechmitte auf, da der Widerstand der Oberfläche im Kontakt zu den Elektroden zu Beginn der Erwärmung den Widerstand des Blechwerkstoffs übersteigt. Die Folge ist eine schnellere Temperaturzunahme entlang der Blechoberfläche. Eine geringere Kontaktkraft erhöht den Kontaktwiderstand und verstärkt diesen Effekt. Mit zunehmender Erwärmungsdauer führt die hohe thermische Leitfähigkeit des Kupfers dazu, dass ein Anteil der erzeugten Wärme in die Elektroden abfließt, wodurch der Temperaturanstieg in den Randzonen des Blechs abgeschwächt wird.

In Bild 4.13 ist das Temperaturprofil des Blechs über den Querschnitt zu verschiedenen Zeitpunkten dargestellt, woraus sich die Verschiebung der Maximaltemperatur von der Blechoberfläche zu Beginn der Erwärmung in Richtung der Blechmitte am Ende der Erwärmung erkennen lässt. Nach ca. 0,17 s liegt eine nahezu homogene Temperaturverteilung über den Blechquerschnitt vor. Der Verlauf wird für eine Kontaktkraft von 1,4 kN bei einem 3 mm dicken Blech und 2,3 kA ausgewertet.

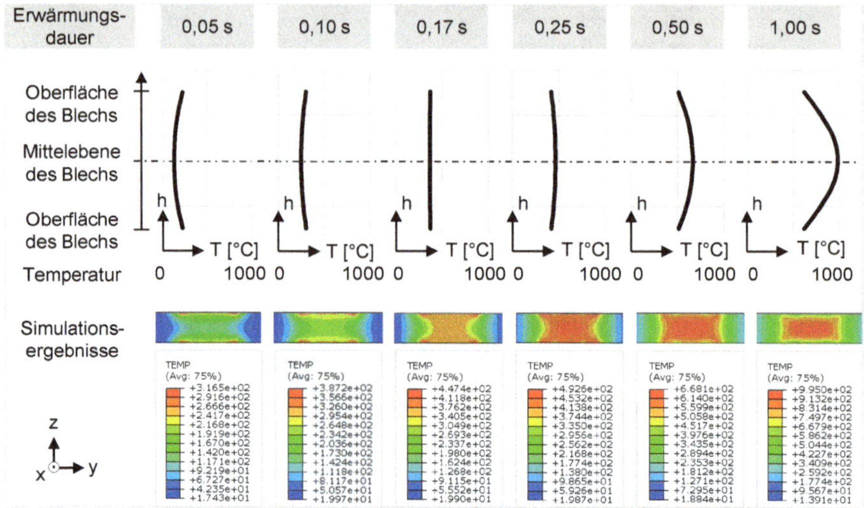

Bild 4.13: Temperaturverteilung über den Querschnitt bei unterschiedlichen Erwärmungszeiten

Temperature distribution along the cross section of the sheet at different time steps during heating

Der simulierte Temperaturverlauf zeigt eine stark inhomogene Temperaturverteilung über die Blechdicke, die den analytischen Abschätzungen aus Kapitel 4.2 mit dem Ergebnis einer Biot-Zahl Bi << 1 widerspricht. Es ist jedoch zu beachten, dass sich die gezeigten Simulationsergebnisse auf den Prozess der Erwärmung und die berechnete Biot-Zahl auf die Abkühlung beziehen. Zudem mussten in der analytischen Auslegung Vereinfachungen für die Berechnung des Wärmeübergangskoeffizienten getroffen werden, um die Bi-Zahl überhaupt bestimmen zu können.

Zur weiteren Analyse der Ergebnisse wird in Bild 4.14 der Einfluss der Blechdicke durch einen Vergleich der Temperaturen bei 2 und 3 mm Materialstärke untersucht. Die Erwärmung wird bei einem konstanten Erwärmungsstrom von 3,0 sowie 3,6 kA berechnet. Die Auswertung zeigt, dass bei 2 mm Blechstärke sowohl in der Blechmitte als auch auf der Blechoberfläche über die meiste Zeit eine höhere Erwärmungsgeschwindigkeit vorliegt. Eine Begründung liegt im geringeren Materialvolumen, das zu erwärmen ist in Kombination mit dem hohen Wärmeeintrag über die Kontaktflächen.

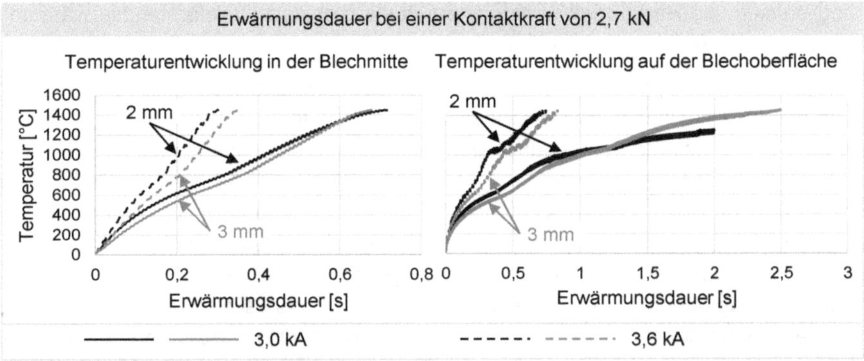

Bild 4.14: Darstellung des Temperaturverlaufs für unterschiedliche Blechstärken

Presentation of the temperature development for different sheet thicknesses

4.5.2 Abkühlverhalten

Cooling behavior

Neben der Betrachtung des Erwärmungsverhaltens ist insbesondere für Anwendungen wie das Härten der Verlauf der Abkühlung von hohem Interesse aufgrund des direkten Einflusses auf die Gefügeausbildung. Durch Konvektion, Wärmestrahlung sowie Selbstabschreckung durch Wärmeleitung in den umgebenden Werkstoff fällt die Temperatur sehr schnell ab. Bild 4.15 zeigt den Temperaturverlauf in der Blech-Mittelebene für die Erwärmung bei 3,0 kA für eine konstante Kontaktkraft von 2,7 kN über den gesamten Prozess.

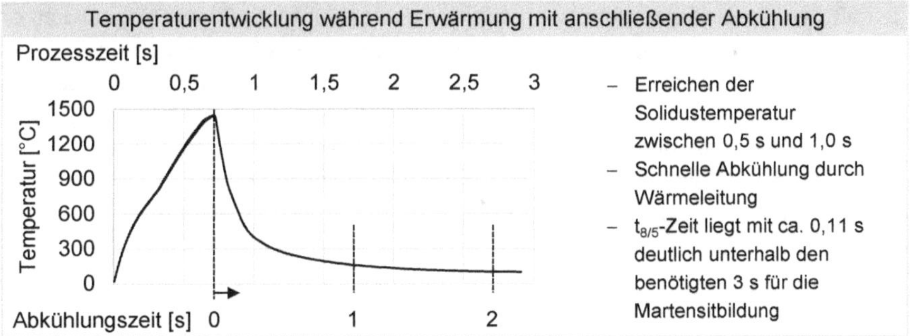

Bild 4.15: Temperaturverlauf während der Abkühlung

Temperature development during cooling

Die hohe Abkühlrate von > 1000°C/s führt dazu, dass die $t_{8/5}$-Zeit deutlich unterhalb der 3 s liegt, die für S700MC bei einer Abkühlung aus einem austenitischen Gefüge zur Martensitbildung notwendig sind, vgl. Kapitel 4.1. Demnach sollte es grundsätzlich möglich sein, die Härte des Werkstoffs durch die elektrische Widerstandserwärmung und Selbstabschreckung zu steigern.

Zusammenfassend lässt sich aus den vorgestellten Ergebnissen die grundlegende Eignung der elektrischen Widerstandserwärmung für die lokale Blecherwärmung ableiten. Für Blechstärken zwischen 2 und 3 mm kann dabei mit konstanten Stromstärken von bis zu 3,5 kA bei ungefähr 8,5 V eine lokale und ausreichend große WEZ für die Anwendungen des Scherschneidens und Kragenziehens erzielt werden. Dabei liegt das Temperaturmaximum im Inneren des Blechwerkstoffs. In Abhängigkeit von den gewählten Prozessparametern lässt sich jedoch auch eine gleichförmige Temperaturverteilung über die Blechdicke einstellen. Die elektrische Widerstandserwärmung zeigt eine hohe Sensitivität gegenüber der Kontaktkraft, die im gezeigten Aufbau unter 4,0 kN liegen sollte, um innerhalb von 2 s Erwärmungsdauer eine Maximaltemperatur von über 600°C zu erreichen. Bei geeigneten Prozessparametern lässt sich das Blech in unter 0,5 s bis zur Solidustemperatur erwärmen. Bezüglich der Elektrodengeometrie eignet sich eine sphärische Oberfläche der Elektrodenkappen, um eine kreisförmige WEZ über die Blechdicke zu erhalten.

Konduktive Erwärmung bietet Potenzial für lokales Härten, da in kurzer Zeitdauer auf Temperaturen erwärmt werden kann, bei denen ein homogenes austenitisches Gefüge ausgebildet wird und mit ausreichend hohen Abkühlraten durch Selbstabschreckung eine vollständige Martensitbildung möglich ist.

Basierend auf der kurzen benötigten Erwärmungsdauer sowie den hohen erreichbaren Maximaltemperaturen ist eine Integration der Technologie in einen industrienahen Fertigungsprozess in einem Folgeverbundwerkzeug technisch sinnvoll. Die Zeitdauer des Kontakts zwischen Elektroden und Blechwerkstoff während eines Pressenhubs reicht gemäß den Simulationsergebnissen aus, um das gewünschte Erwärmungsbild zu erhalten und damit eine Optimierung der mechanischen Bearbeitung zu erreichen. Im folgenden Kapitel wird daher die Entwicklung eines Systems vorgestellt, mit dem die elektrische Widerstandserwärmung für die in der Simulation abgeleiteten Prozessparameter umgesetzt werden kann. Neben der Entwicklung eines Prüfstands wird die Auslegung eines Folgeverbundwerkzeugs für die Fertigung hoher Stückzahlen mit integrierter Erwärmung beschrieben.

5 Systementwicklung für die elektrische Widerstandserwärmung

System development for electrical resistance heating

Für die Verbindung der elektrischen Widerstandserwärmung und mechanischen Bearbeitung hochfester Stahlbleche in einer Produktionsmaschine wird erstmalig ein modulares Folgeverbundwerkzeug mit einer vollständig integrierten Erwärmungsstation aufgebaut und in einer Servopresse betrieben. Wie aus dem Stand der Technik hervorgeht und in der numerischen Simulation gezeigt wurde, ist die Technologie der konduktiven Erwärmung geeignet, um hochfeste Stahlbleche in kurzer Zeitdauer lokal über die Blechdicke zu erwärmen.

Vor der Integration in ein Folgeverbundwerkzeug wird für die Prozessentwicklung ein Prüfstand entwickelt, der eine kostengünstige Möglichkeit bietet, den Prozess experimentell zu erproben und flexibel anpassen zu können. Konstruktive Änderungen am System, die für eine Optimierung des Bearbeitungsprozesses erforderlich sind, können mit vergleichsweise geringem Aufwand umgesetzt werden. Die Vorgehensweise zur Konstruktion des Prüfstands wird am allgemeinen Modell der Produktentwicklung der Richtlinie VDI 2221 orientiert. Von den dort vorgestellten Aktivitäten werden die folgenden drei Schritte durchlaufen [VDI19]:

- Klären und Präzisieren des Problems bzw. der Aufgabe (Ergebnis: Anforderungen)
- Bewerten und Auswählen von Lösungskonzepten (Ergebnis: Lösungskonzept)
- Integrieren des gesamten Produkts (Ergebnis: Gesamtentwurf)

Zunächst werden die aus der Anwendung und Simulation gewonnenen Randbedingungen und Prozessparameter als Grundlage für die Präzisierung der Aufgabe und die daraus folgende Anforderungsdefinition genutzt. Im nächsten Schritt werden Teilsysteme des Prüfstands beschrieben, die als Lösungskonzepte gesehen werden. Anschließend wird ein Gesamtentwurf für den Prüfstand vorgestellt, der die integrierten Teillösungen enthält und einen Prüfstand beschreibt, mit dem die definierten Anforderungen erfüllt werden können.

Die mit dem Prüfstand ermittelten Prozessparameter werden in den Bearbeitungsprozess im Folgeverbundwerkzeug übertragen, mit dem ein industrienaher Herstellungsprozess entwickelt und demonstriert wird.

5.1 Prüfstandsanforderungen

Requirements for a test bench

Prozessseitig wird die thermische Behandlung mit dem Stanzen und Kragenziehen als Referenzprozesse für die scherschneidende und umformende Bearbeitung durchgeführt. Der jeweilige Ablauf des Prozesses ist in Bild 5.1 dargestellt. Zur Abbildung des Prozessverlaufs im Folgeverbundwerkzeug werden die Schritte Erwärmung und Stanzen bzw. Vorschneiden, Erwärmung und Aufstellen des Kragens in aufeinanderfolgenden Sequenzen durchgeführt. Die Position der Erwärmungspunkte liegt in den Bereichen der maximalen Spannungen im Material, welche gemäß Bild 4.3 beim Scherschneiden der Schnittkontur und beim Kragenziehen dem Rand des Vorlochs entsprechen. Die Elektroden werden folgerichtig koaxial übereinander angeordnet.

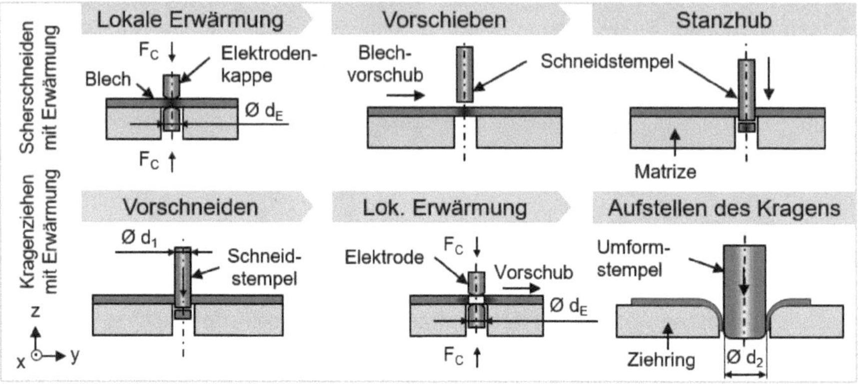

Bild 5.1: Prozessabfolge für das konduktiv erwärmte Scherschneiden sowie Kragenziehen

Process sequence for shear cutting and flange forming with conductive heating

Für die Erwärmung müssen die Höhe und der zeitliche Verlauf der elektrischen Leistung einstellbar sein. Zusätzlich ist die Möglichkeit der Variation der Kontaktkraft F_C vorzusehen. Für die Elektroden ist ein vertikaler Bewegungsmechanismus umzusetzen, damit das Blech für die Erwärmung kontaktiert werden kann und für den Vorschub frei liegt. Zur genauen Einstellung der Erwärmungsposition ist die Positionierung der Elektroden in alle drei Raumrichtungen zu ermöglichen. Darüber hinaus sollen unterschiedliche Blechdicken eingesetzt werden können. Durch eine veränderliche Geometrie der Elektrodenkappen kann der Einfluss auf die Ausbildung der WEZ analysiert werden. Tabelle 5.1 zeigt die Wertebereiche für wichtige Parameter, welche aus den Ergebnissen der numerischen Simulation sowie den Anforderungen des industriellen Bearbeitungsprozesses abgeleitet sind.

Tabelle 5.1: Abgeleitete Anforderungen an den Erwärmungsprozess

Derived requirements for the heating process

Parameter	Wertebereich
Kontaktkraft der Elektroden	< 4 kN
Elektrische Leistung	Ca. 30 kW (3,5 kA bei 8,5 V)
Erwärmungsdauer	< 2 s
Geometrie der Elektrodenkappen	Sphärisch gewölbte Oberfläche
Blechdicke	2 bis 3 mm

5.2 Funktion und Aufbau des Prüfstands

Function and setup of the test bench

Zur Kopplung der konduktiven Erwärmung mit der mechanischen Bearbeitung findet die Integration eines Erwärmungssystems in eine Stanzmaschine vom Typ Boschert Ecco Line EL 300, wie in Bild 5.2 gezeigt, statt. Über die Werkzeugaufnahme mit einer Trumpf-Standardschnittstelle können Stempel und Matrizen für das Scherschneiden sowie Kragenziehen mit unterschiedlichen Schneidkonturen und Durchmessern eingesetzt werden.

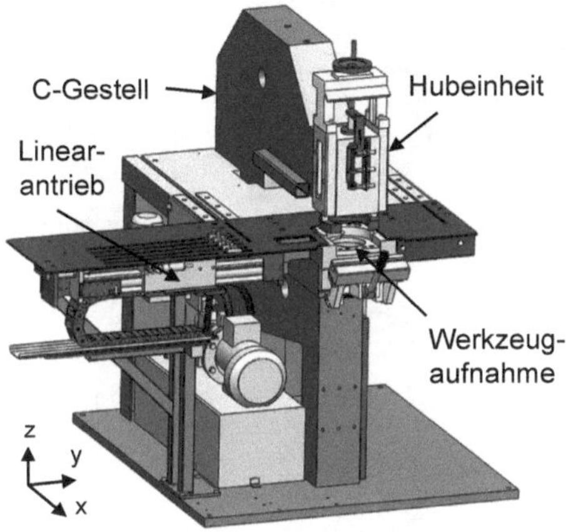

Hersteller	Boschert
Typ	Ecco Line EL 300 Manuell
Max. Blechdicke	12,7 mm
Max. Stanzkraft	280 kN
Max. Hubfolge	100 Hub/Min
Werkzeuge	Schnittstelle zu Trumpf Standard-Werkzeugen

Bild 5.2: Stanzmaschine für die mechanische Bearbeitung am Prüfstand

Punching machine for mechanical processing at the test bench

Die Umsetzung des Blechvorschubs geschieht durch eine integrierte Linearachse, welche steuerungstechnisch mit dem hydraulischen Antriebsaggregat der Stanze verbunden ist. Die Versuchswerkstoffe werden als rechteckig zugeschnittene Bleche an einem Schlitten auf der Linearachse fixiert. Die Vorschublänge der Linearachse beträgt 160 mm. Durch die Steuerung der Prozesszeiten sowie der Vorschubgeschwindigkeit lässt sich die Zeitspanne für den Vorschub anpassen. Die minimale Zeitdauer zwischen dem Ende der Erwärmung und dem Auftreffen des Schneid- / Umformstempels auf der erwärmten Blechoberfläche beträgt 240 ms. Für die Umformoperationen verfügt die Stanzmaschine über einen Abstreifer. Ein Niederhalter ist nicht vorhanden.

5.2.1 Mechanische Konstruktion der Erwärmungseinheit

CAD design of the heating unit

Nach der Richtlinie VDI 2221 werden nach der Formulierung der Anforderungen Lösungskonzepte entwickelt. Für den Erwärmungsprozess wird das Blech in Dickenrichtung zwischen zwei vertikal ausgerichtete Elektroden geklemmt, sodass ein geschlossener Stromkreis entsteht. Die Elektroden setzen sich zusammen aus einem wassergekühlten Elektrodenschaft mit einem Durchmesser d_E von 20 mm und einer austauschbaren Elektrodenkappe zur Variation der Kontaktgeometrie.

Bild 5.3 zeigt die Konstruktion des mechanischen Aufbaus für die Positionierung und Bewegung der Elektroden. Durch den Einsatz von pneumatischen Hochkraftzylindern kann die vertikale Kontaktkraft der Elektroden F_C variiert werden. Die Änderung der Position der Elektroden in z-Richtung durch die Klemmung des Elektrodenschafts ermöglicht eine vertikale Ausrichtung der Elektroden bei unterschiedlichen Blechstärken.

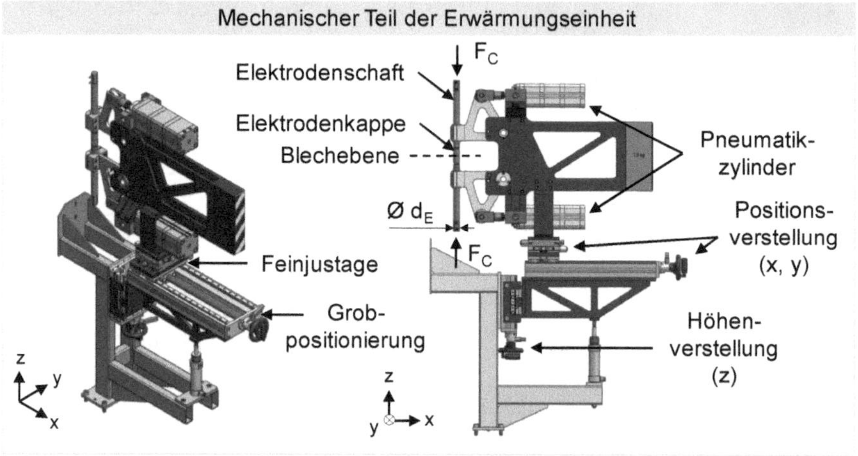

Bild 5.3: Konstruktion für die Positionierung, Fixierung und Bewegung der Elektroden

Design for clamping, movement, and positioning of electrodes

Über einen vertikalen Stelltisch kann das gesamte Modul in z-Richtung verfahren werden und ermöglicht damit eine Anpassung der Ausrichtung der Elektroden auf die entsprechende Blecheinlaufhöhe, welche durch die Stanzmaschine vorgegeben ist. Die Positionierung in x- und y-Richtung erfolgt mit einem manuellen Präzisionsstelltisch. Für die Verbindung des Prüfstands mit der Stanzmaschine muss die Position der Erwärmung in Blechvorschubrichtung (y-Richtung) sowie quer dazu derart justiert werden können, dass die Erwärmung koaxial mit dem Stanzen bzw. Kragenziehen nach dem Vorschub erfolgt.

5.2.2 Aufbau und Integration in eine Stanzmaschine

Setup and integration into a punching machine

Elektrisches Teilsystem

Der eingesetzte Transformator gibt eine Maximalleistung von 39,9 kW aus, die auf der Sekundärseite über einen Strom von max. 7 kA zur Verfügung gestellt wird. Es handelt sich um einen Einphasen-Kerntransformator für den niedrigen Spannungsbereich, der bei einer Frequenz von 50 Hz betrieben wird. Mit einer Kerninduktion von 1,15 T kann die Stromstärke auf 7000 A transformiert werden.

Die elektrische Versorgung des Transformators erfolgt über das Stromnetz der Produktionshalle. Vom Transformator ausgehend wird der Strom über ein Stromrohr, ein Dehnungsband und die Elektrode zum Blech geleitet. Der Stromkreis wird über die gleichen Komponenten in umgekehrter Reihenfolge bis zum Transformator geschlossen. Die Dehnungsbänder ermöglichen eine Vertikalbewegung der Elektroden ohne Unterbrechung des Stromflusses, während die wassergekühlten Stromrohre mit einem Außendurchmesser von 50 mm und einer Wandstärke von 5 mm starre Elemente zur Stromübertragung darstellen. Der Aufbau am Prüfstand ist in Bild 5.6 gezeigt. Die Elektroden kontaktieren das Blech von der Ober- und Unterseite mit einer definierten Anpresskraft, um den elektrischen Übergangswiderstand gering zu halten. Da der Strom dem Weg des geringsten elektrischen Widerstands folgt, wird der Stromfluss unmittelbar von einer Elektrode durch das Blech in die gegenüberliegende Elektrode geführt. Davon abweichende Wege, z. B. längs durch das Blech in Richtung der Linearachse, sind mit erhöhtem elektrischem Widerstand verbunden. Eine weitere Isolierung der beteiligten Maschine ist daher trotz der Stromstärken im Bereich von mehreren kA nicht notwendig.

Bild 5.4 zeigt das Ersatzschaltbild für den Transformator, die Stromrohre, die Elektroden sowie das Blech und verdeutlicht, dass die Widerstände am Transformator, in den Stromzuführungen sowie den Elektroden geringgehalten werden sollten. Liegt der höchste Widerstand am Blech (R_{Last}) an, wird sich diese Komponente des Stromkreises am stärksten erwärmen, sodass eine hohe Energieeffizienz des Prozesses gewährleistet ist und kurze Erwärmungszeiten begünstigt werden.

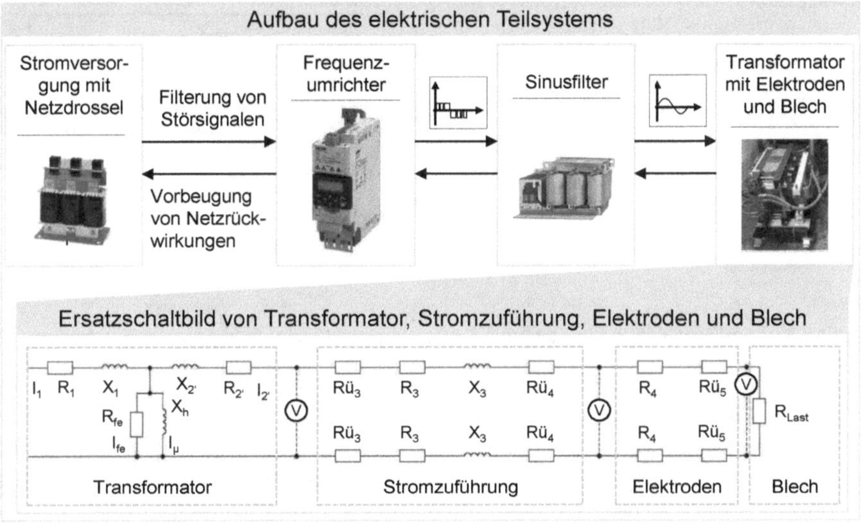

Bild 5.4: Elektrisches Teilsystem und Ersatzschaltbild des elektrischen Stromkreises zwischen Transformator und Blech [LENZ22; LENE22; SIEM22]

Electrical system and equivalent circuit diagram of the electrical circuit between transformer and sheet metal

Zur Leistungssteuerung des Einphasen-Transformators wird ein Frequenzumrichter eingesetzt, mit dem die Spannungsamplitude bei konstanter Leistungsfrequenz variiert wird. Um durch den Betrieb des Frequenzumrichters schädlichen Netzrückwirkungen vorzubeugen, ist dem Umrichter eine Netzdrossel vorgeschaltet. Bedingt durch das Funktionsprinzip des Umrichters gibt dieser keinen sinusförmigen Spannungsverlauf, sondern ein moduliertes Signal aus. Ein nachgelagerter Sinusfilter wandelt das modulierte Ausgangssignal des Umrichters in ein sinusförmiges Eingangssignal für den Transformator um. Dabei handelt es sich um einen Tiefpassfilter bestehend aus einer Induktivität mit nachgeschalteter Kapazität. Auf diese Art können Spannungsspitzen vermieden werden, die für den Transformator schädlich sein können. Die Restwelligkeit liegt üblicherweise in einer Größenordnung von < 5 %.

Pneumatisches Teilsystem

Das pneumatische Teilsystem umfasst die Hochkraftzylinder zur Bewegung der Elektroden sowie zur Einstellung der Kontaktkraft. Ein Schaltplan des Pneumatiksystems ist in Bild 5.5 gezeigt.

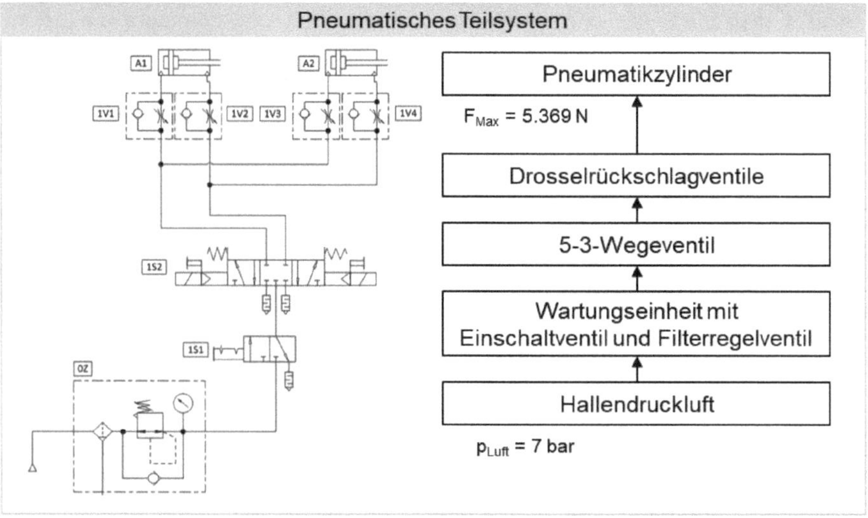

Bild 5.5: Pneumatik-Schaltplan für die Bewegung und Kraftaufbringung der Elektroden

Pneumatics circuit diagram for movement and contact force of electrodes

Tabelle 5.2 fasst die einstellbaren Parameterbereiche des mechanischen, elektrischen und pneumatischen Teilsystems zusammen. Mit dem vorgestellten Aufbau können die geforderten Prozesseigenschaften entsprechend Kapitel 5.1 umgesetzt werden. Die vertikale Kontaktkraft der Elektroden von maximal 4,3 kN ergibt sich aus der Kraft der Zylinder und dem Längenverhältnis der Umlenkung.

Tabelle 5.2: Möglicher Wertebereich für Prozessparameter des Prüfstands

Possible range of values for process parameters of the test bench

Parameter	Wertebereich
Kontaktkraft der Elektroden	0 bis 4,3 kN
Max. elektrische Leistung	39,9 kW (7 kA bei 5,7 V)
Erwärmungsdauer	Beliebig
Geometrie der Elektrodenkappen	Beliebig, da austauschbar
Blechdicke	1,5 bis 5 mm

Integration

In Bild 5.6 ist die Verbindung des Erwärmungssystems mit der Stanzmaschine gezeigt, durch welche der kombinierte thermo-mechanische Bearbeitungsprozess möglich ist. Mit dieser Integration entsteht der Grundlagenprüfstand als Gesamtentwurf der einzelnen Schritte in der Entwicklung eines Prüfstands gemäß VDI 2221. Die Verbindung zwischen den starren Stromrohren und beweglichen Elektroden wird mit Dehnungsbändern realisiert, welche hohe Ströme übertragen können und durch die Bauweise mit verschweißten Einzellamellen eine ausreichende Flexibilität hinsichtlich des Verfahrwegs ermöglichen. Die Auslegung der Dehnungsbänder und Stromrohre ist nach DIN 46276 sowie DIN 43671 erfolgt. Mit dem gewählten Querschnitt der Dehnungsbänder ist ein Betrieb bei max. 35°C mit Kühlung an der Luft möglich. [DIN75; DIN91]

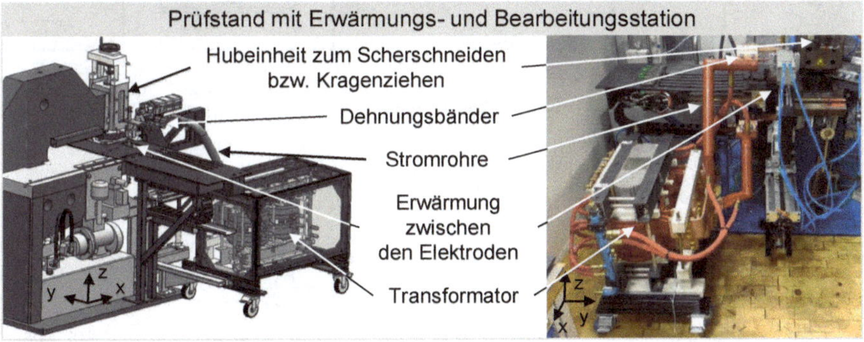

Bild 5.6: Integration der Erwärmung am Grundlagenprüfstand

Integration of heating unit at the test bench

Erwärmungsparameter wie die Erwärmungsdauer werden über eine Benutzerschnittstelle (HMI) am Schaltschrank der Erwärmungseinheit festgelegt. Die HMI umfasst Eingabemöglichkeiten zur Erwärmungsdauer, der Erwärmungsleistung und dem Kontaktdruck der Elektroden. Der Erwärmungsprozess kann sowohl einstufig mit konstanten Werten als auch mehrstufig mit variierenden Parameterwerten ablaufen.

5.3 Entwicklung des integrierten Erwärmungssystems für ein Folgeverbundwerkzeug

Development of the integrated heating system for a progressive die tool

Der Betrieb der konduktiven Erwärmung in einem Folgeverbundwerkzeug nach industriellen Standards erfolgt auf einer Exzenterpresse mit Servoantrieb des Typs Schuler MSC2000. Für die Versuchsreihen stehen die zugehörige Pressenlinie mit einer Haspel, einer Richtmaschine zum Ausgleich entstandener plastischer Verformungen im Coil sowie zur Verteilung von Spannungen aus dem Walzprozess, einer Bandschlaufe, dem Vorschub und schließlich der Presse mit einer nachgelagerten Einrichtung zur Abfuhr gefertigter Teile zur Verfügung.

Bild 5.7 enthält technische Daten sowie eine Zeichnung der MSC2000 Presse. Als Antriebsmotoren werden üblicherweise Synchronmotoren mit hohem Drehmoment bei einem niedrigen Nenndrehzahlbereich eingesetzt. Über einen Kniehebelantrieb bestehend aus Exzenter und Pleuel wird die translatorische Bewegung des Stößels umgesetzt.

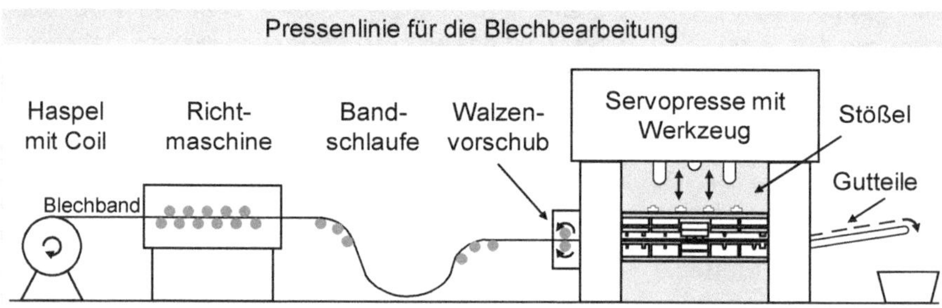

Pressendaten

Hersteller	Schuler
Typ	MSC2000
Nennkraft	2000 kN
Max. Hubzahl im Vollhub	60 1/Min
Max. Hubzahl im Pendelhub	130 1/Min
Hublänge	20 - 160 mm

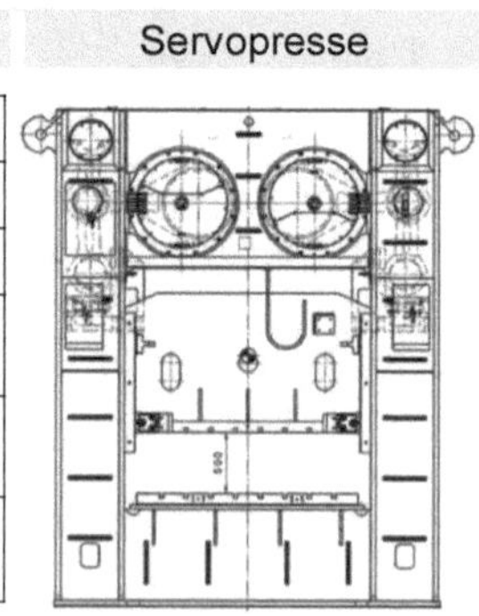

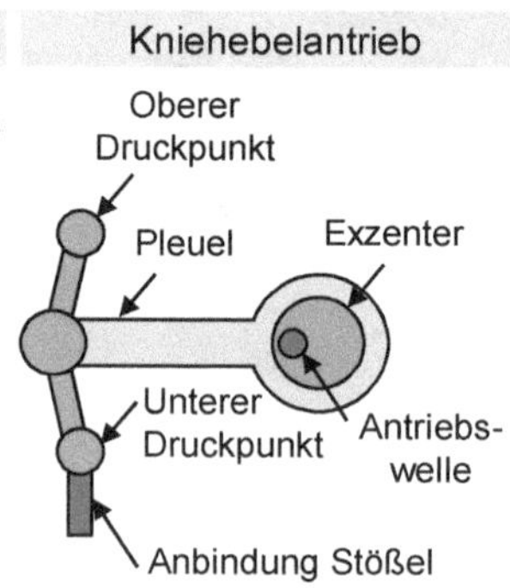

Bild 5.7: Darstellung der Pressenlinie mit technischen Details zur eingesetzten Schuler Servopresse [SCHU16, S. 57]

Illustration of press line with technical data about the utilized Schuler MSC2000 servo press

Der Einsatz eines Servoantriebs erweitert das Bewegungsprofil des Pressenstößels und ermöglicht eine Beschleunigung oder Verzögerung sowohl während als auch außerhalb der Erwärmungs-, Umform- und Schneidphase [DIET18, S. 408]. Mit der Anpassung der Geschwindigkeit kann eine höhere anwendungsspezifische Ausbringungsrate sowie für den vorliegenden Fall eine Verlängerung des Zeitraums, in dem die Elektroden in Kontakt mit dem Blech sind und während dem die Erwärmung stattfindet, erreicht werden. Nach Tabelle 2.1 ist dieser Pressentyp für eine Vielzahl an Anwendungen wie Prägen und Biegen geeignet.

5.3.1 Aufbau eines modularen Folgeverbundwerkzeugs

Setup of a modular progressive die tool

Beim Folgeverbundwerkzeug handelt es sich um ein modular aufgebautes, fünf-stufiges Werkzeug zur Bearbeitung eines 150 mm breiten und 2 mm dicken Blechbandes in der Festigkeitsklasse von ca. 700 MPa. In der Entwicklung des Werkzeugs werden Anforderungen an die Produktionsmaschine (vgl. Kapitel 5.1) sowie Erkenntnisse aus der Prozessentwicklung mit dem Prüfstand (vgl. Kapitel 6.1) berücksichtigt, damit geeignete Prozessparameter eingestellt werden können. Die einzelnen Bearbeitungsstufen sind in Bild 5.8 für das Kragenziehen mit elektrischer Widerstandserwärmung gezeigt und umfassen die folgenden Schritte:

- Vorschneiden
- Vorlochen
- Erwärmen mittels elektrischen Widerstands
- Aufstellen des Kragenzugs
- Finaler Beschnitt und Abtrennen vom Blechband

Zusätzlich sind Leerfolgen vorgesehen, um hinsichtlich der Anzahl eingesetzter Erwärmungsmodule flexibel zu sein und bei Bedarf die Abkühlzeit durch nachgelagerte Leerhübe erhöhen zu können. Im ersten Modul zum Vorschneiden werden Sucherlöcher in den Blechstreifen gestanzt, mit denen der Streifen für nachfolgende Hübe präzise positioniert wird. Des Weiteren findet ein Vorstanzen der späteren Bauteilgeometrie statt. Im letzten Modul wird das Bauteil mit dem bereits aufgestellten Kragen vom Blechstreifen abgetrennt und fällt aus dem Werkzeug auf ein Band zum Abtransport der Gutteile.

Durch die modulare Bauweise kann die Position einzelner Stufen verändert werden, sodass die Erwärmung entweder vor dem Aufstellen des Kragens oder vor dem Vorlochen stattfinden kann. Wird ausgehend vom Aufbau in Bild 5.8 das Modul zum Aufstellen des Kragens entfernt und die Einheit zum Vorlochen hinter die Erwärmungsstufe gesetzt, führt das Werkzeug das Scherschneiden mit elektrischer Widerstandserwärmung durch.

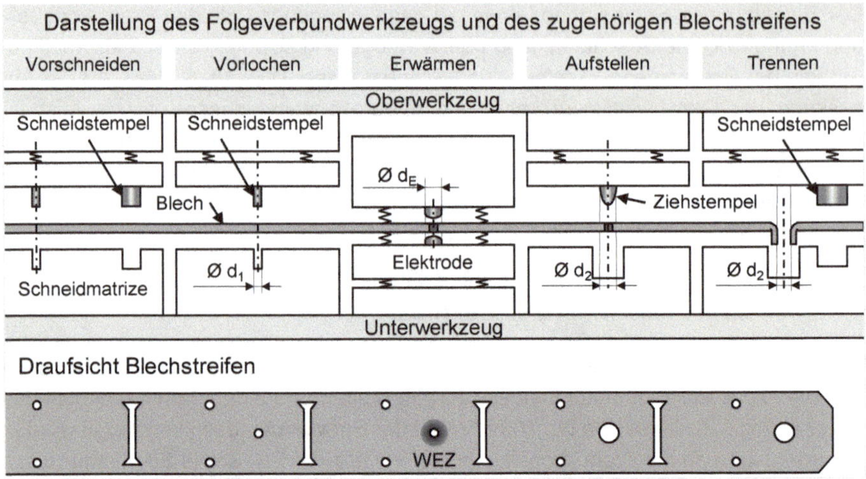

Bild 5.8: Einzelne Bearbeitungsfolgen im Folgeverbundwerkzeug mit integrierter Erwärmungsstation

Individual process sequences in the progressive die tool with integrated heating station

Das Werkzeug im Einbauzustand ist in Bild 5.9 gezeigt. Nach der Montage von Ober- und Unterwerkzeug ist der nächste Prozessschritt das Einschieben des Blechbandes und manuelle Einrichten des Prozesses. Im gezeigten Aufbau ist die Erwärmungsstufe unmittelbar vor dem Modul zum Aufstellen des Kragenzugs positioniert, um die Abkühldauer zu minimieren.

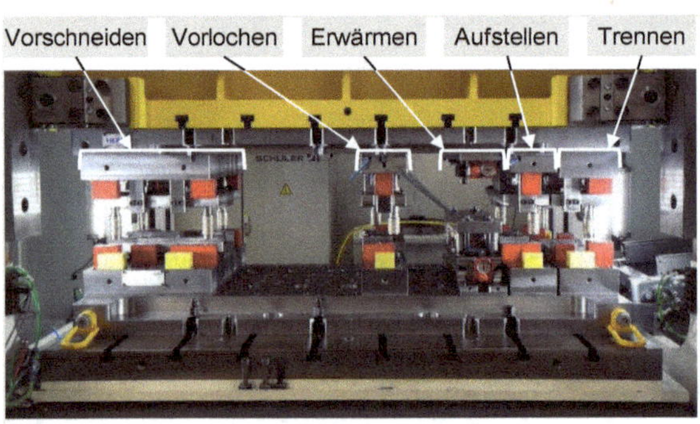

Werkzeugparameter

Parameter	Wert
Bauhöhe	490 mm
Gesamtlänge	1750 mm
Breite	700 mm
Bandeinlaufhöhe	250 mm
Matrizenhöhe	230 mm
Streifenhub	20 mm
Bandvorschub	160 mm
Länge der Module	150 mm
Bandbreite	150 mm
Banddicke	2 mm

Bild 5.9: Eingebautes Werkzeug vor dem Einrichten

Installed tool before setup

Bezüglich des Werkstoffs ist ein Großteil der Aktivteile im Werkzeug aus dem Werkzeugstahl 1.2379 gefertigt, sodass eine hohe Verschleißbeständigkeit und lange Standzeiten erfüllt werden können.

5.3.2 Entwicklung und Integration des Erwärmungsmoduls

Development and integration of the heating module

Zur Umsetzung der Erwärmung wird erstmalig ein Bearbeitungsmodul zur elektrischen Widerstandserwärmung entwickelt, welches in das Folgeverbundwerkzeug integriert wird. Darin wird das Blech bei jedem Hub beidseitig von Elektroden kontaktiert, um es in einem geschlossenen Stromkreis mit dem externen Transformator sowie synchronisiert im Produktionstakt der Presse zu erwärmen. Bild 5.10 zeigt ein 3D-CAD-Modell des Erwärmungsmoduls sowie das Ablaufdiagramm über einen periodischen Pressenhub.

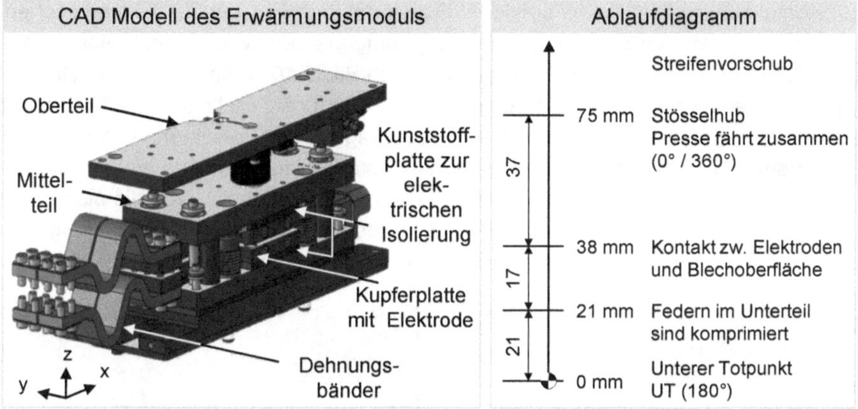

Bild 5.10: 3D-Zeichnung des Erwärmungsmoduls mit Ablaufdiagramm während eines Hubs

3D drawing of the heating module with flow chart of sequences during one stroke

Die Hubhöhe des Werkzeugs liegt bei 75 mm. Während der Abwärtsbewegung des Stößels wird zunächst das Oberteil des Erwärmungsmoduls heruntergedrückt, sodass dessen Gasdruckfeder bei 46 mm über UT auf dem Mittelteil aufsetzt. Bei 38 mm über UT findet der erste Kontakt zwischen Elektroden und Blech statt. Im weiteren Verlauf werden die Federn im unteren Modulteil komprimiert. Somit wird unterhalb von 21 mm über UT die maximale Kontaktkraft zwischen Elektroden und Blech übertragen. Über den Druck in den oberen und unteren Gasdruckfedern kann die Position variiert werden, ab welcher die Elektroden das Blech kontaktieren. Damit ist der Druckzustand der Gasdruckfedern neben der Hubzahl der Presse sowie dem eingestellten Stößelverlauf ein dritter Einflussfaktor auf den Kontaktzeitraum von Elektroden und Blech.

Im Modul sind auf der Blechober- und Blechunterseite austauschbare Elektrodenkappen verbaut, wodurch die Kontaktfläche zum Blech angepasst werden kann. Die Elektroden werden über Kupferkomponenten im Modul sowie mittels Dehnungsbändern und Stromrohren an den Transformator angeschlossen, der außerhalb der Presse aufgestellt ist. In Analogie zum Vorgehen beim Prüfstand sind die Dehnungsbänder auf

Basis von DIN 46276 sowie DIN 43671 als pressgeschweißte Kupfer-Bauteile mit einer Lamellendicke von 0,2 mm und einem Gesamtquerschnitt von 48 mm x 18 mm ausgelegt, sodass die maximale Stromstärke von 7kA im Dauerbetrieb mit bis zu 60 Hub/Minute ohne externe Kühlung übertragen werden kann. Um eine Erwärmung des Moduls selbst und damit eine thermische Ausdehnung zu vermeiden, ist eine Wasserkühlung enthalten.

Im Erwärmungsmodul sind Maßnahmen zur elektrischen Isolation des Werkzeugs umgesetzt. Die Stromzufuhr erfolgt seitlich über die Stromschienen und Dehnungsbänder, wie in Bild 5.11 in der Ansicht des Transformators zu erkennen ist. Im Erwärmungsmodul (Bild 5.11, rechts) sind die Kupferteile zu sehen, in denen sich die Elektroden zur Kontaktierung des Blechs befinden. Die stromführenden Kupferteile sind flächendeckend jeweils nach oben bzw. unten zum umgebenden Modul durch eine 11 mm dicke Kunststoffplatte elektrisch isoliert, wie auch Bild 5.10 zu entnehmen ist. Der eingesetzte Werkstoff verfügt neben einer niedrigen elektrischen Leitfähigkeit über eine ausreichende mechanische Festigkeit zur Übertragung der Presskräfte in z-Richtung. Der Strom folgt dem Weg des geringsten Widerstands, der durch die eingestellte Anpresskraft der Elektroden direkt durch das Blech hindurchführt. Durch die elektrische Isolierung der stromleitenden Kupferteile kann demnach ein Stromfluss zum Folgeverbundwerkzeug oder in die umgebende Presse ausgeschlossen werden.

Bild 5.11: Einbauzustand von Modul und Werkzeug in der Presse

State of installation of the heating module and tool inside the press

Die steuerungstechnische Integration der Erwärmung erfolgt über eine digitale Steuernocke der Presse, von der das Startsignal für den Prozess in Abhängigkeit von der Stößelposition an die Prozesssteuerung der Erwärmung weitergeleitet wird. Das Erwärmungsmodul sowie der Erwärmungsprozess sind somit vollständig mechanisch und steuerungsseitig in den getakteten Prozess der Presse eingebunden.

Im vorliegenden Kapitel wurde die Systemtechnik gezeigt, mit der erstmalig die elektrische Widerstandserwärmung für die Bearbeitung hochfester Stahlbleche in eine Presse integriert werden kann. Zur Bestimmung geeigneter Erwärmungsparameter wurde zunächst ein Prüfstand aufgebaut, in welchem ein Erwärmungssystem mit einem Stanzautomaten verbunden ist, um die thermische Behandlung mit der mechanischen Bearbeitung zu koppeln. Damit lässt sich der Prozess nachbilden, wobei gleichzeitig eine hohe Flexibilität gewährleistet ist, um den Prozessverlauf und die Prozessparameter kostengünstig anpassen zu können. Im modularen Folgeverbundwerkzeug lassen sich über verschiedene Systemparameter wie der Elektrodengeometrie, dem Zustand der Gasdruckfedern, Erwärmungszeit und -leistung oder der Stößelposition Prozesswerte variieren, um einen optimalen Bearbeitungsprozess zu entwickeln. Im Werkzeug kann durch die modulare Bauweise sowohl das Scherschneiden als auch das Kragenziehen unter industriellen Bedingungen durchgeführt werden. Die Beschreibung der Ergebnisse der Prozessentwicklung erfolgt im nächsten Kapitel.

6 Prozessentwicklung und experimentelle Validierung

Process development and experimental validation

Die Prozessentwicklung für das Scherschneiden und Kragenziehen wird zunächst auf dem Grundlagenprüfstand durchgeführt. Parameterfenster, für die der Prozess dort erfolgreich entwickelt werden kann, werden danach auf die Bearbeitung in der Presse und im Folgeverbundwerkzeug übertragen. Nach der Darstellung der experimentellen Ergebnisse wird die in Kapitel 4 gezeigte Simulation des Erwärmungsprozesses anhand experimenteller Daten validiert.

6.1 Prozessentwicklung für die kombinierte thermo-mechanische Bearbeitung

Process development for the combined thermal-mechanical processing

Für die Entwicklung des Erwärmungsprozesses am Prüfstand stellen die Geometrien für die obere und untere Elektrodenkappe die erste Prozessvariable dar. Ziel der Entwicklung für das Scherschneiden sowie Kragenziehen ist gemäß Kapitel 4.1.3 eine kreisförmige WEZ an der oberen und unteren Blechoberfläche, die sich über die gesamte Blechdicke ausbreitet. Die Auswahl zu testender Elektrodenkappengeometrien erfolgt in Anlehnung an DIN EN ISO 5821, in welcher Geometrien der Elektroden für das system- und prozessseitig ähnliche Widerstandspunktschweißen aufgeführt sind [DIN10]. Bild 6.1 zeigt unterschiedliche eingesetzte Elektrodenkappen mit der jeweils erreichten WEZ auf der Blechoberseite. Dabei sind die Geometrien auf der Ober- und Unterseite jeweils identisch.

Es ist deutlich zu erkennen, dass die Kappen mit sphärischer Oberfläche (Bild links) eine WEZ erzeugen, welche die größte Übereinstimmung mit der Zielgeometrie für den Erwärmungsbereich aufweist. Außerdem ist bei dieser Ausführung die höchste Reproduzierbarkeit der erreichten WEZ gegeben.

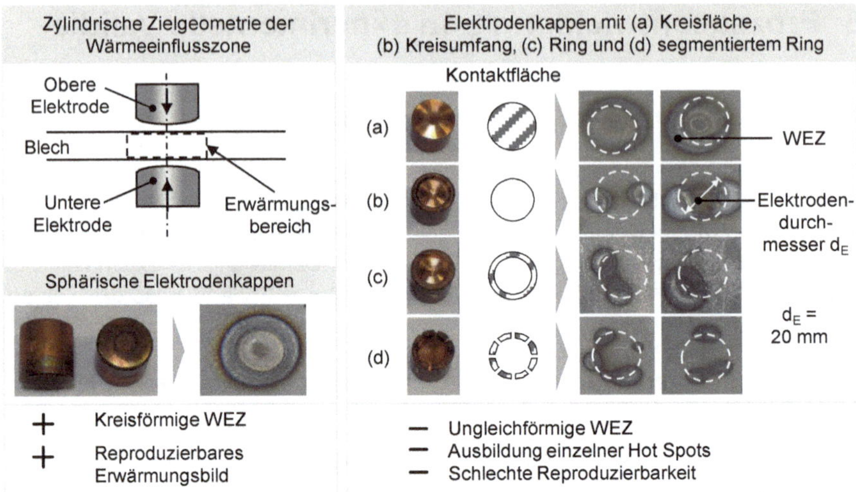

Bild 6.1: WEZ bei unterschiedlichen Geometrien der Elektrodenkappen

Heat-affected zone (HAZ) for different electrode geometries

Bei den Geometrien, die das Blech flächig oder linienförmig kontaktieren (Bilder rechts), ist die Bildung vereinzelter Hot Spots zu erkennen. Der Stromfluss erfolgt lediglich entlang der Punkte des geringsten Widerstands, der sich an der Position der höchsten Kontaktkraft einstellt. Die Entstehung der Hot Spots ist demnach auf lokale Ungleichmäßigkeiten der Kontaktkraft über der Kontaktfläche zurückzuführen. Gründe hierfür können in einer zu geringen Kontaktkraft liegen, sodass Unebenheiten auf der Blechoberfläche in einem unterschiedlichen Widerstand resultieren. Weiterhin muss sichergestellt sein, dass die Elektroden senkrecht ohne eine Verkippung auf dem Blech aufliegen, wobei auch der Einfluss der Maschinensteifigkeit zu berücksichtigen ist.

Die folgenden Versuchsreihen zur Analyse der reinen Erwärmung sowie zur grundlegenden Prozessentwicklung werden daher beidseitig mit der sphärischen Elektrodenform mit dem Oberflächenradius r = 50 mm durchgeführt. Bild 6.2 stellt die Gefügeanalysen der Proben aus S700MC nach der Erwärmung zwischen zwei sphärischen Elektroden unter der Kontaktkraft F_C = 2715 N im Querschliff dar. Gezeigt sind Aufnahmen nach der Erwärmung mit unterschiedlicher Leistung P sowie Erwärmungsdauer t_E. Die Proben weisen eine Blechstärke von h = 3 mm auf.

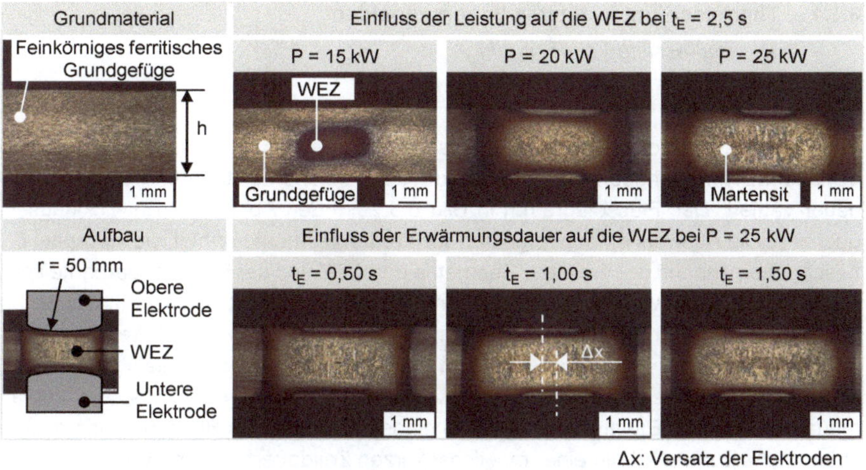

Bild 6.2: Ausbildung der WEZ bei variierender Erwärmungsleistung und Erwärmungsdauer

Development of HAZ for different heating power and duration

Auf dem Bild in der oberen Reihe mit t_E = 2,5 s Erwärmungsdauer und P = 15 kW Erwärmungsleistung ist die technologiespezifische Eigenschaft der elektrischen Widerstandserwärmung zu erkennen, dass die Maximaltemperatur im Inneren des Blechwerkstoffs hervorgerufen wird. Mit zunehmender Erwärmungsenergie breitet sich die WEZ auf einen größeren Bereich aus. Wird mit 15 kW für 2,5 s erwärmt, entsteht eine mittig liegende WEZ, die sich aus der Blechmitte heraus ausbreitet, ohne bis zur Oberfläche des Blechs zu gelangen. Mit ansteigender Erwärmungsleistung vergrößert sich die WEZ bis zur Blechoberseite und Blechunterseite. Bei diesen Proben sind an den Kontaktstellen des Blechs zur oberen sowie unteren Elektrode Bereiche geringerer Erwärmung zu sehen. Durch die hohe Wärmeleitfähigkeit der Kupferelektroden ist davon auszugehen, dass die Wärme in diesen Bereichen in die Elektroden abfließt. Diese experimentellen Ergebnisse bestätigen die Ergebnisse der Simulation, bei denen dieser Effekt bereits zu erkennen ist (vgl. Kapitel 4.5.1).

Die Gefügeanalysen der Proben mit 25 kW Erwärmungsleistung zeigen sogenannten Lanzett-Martensit, der bei der Abschreckung kohlenstoffarmer Stähle gebildet wird und im vorliegenden Fall durch Selbstabschreckung im Blechinneren entstanden ist. Lanzett-Martensit weist eine für martensitische Gefüge geringe Härte auf, die an weiteren Proben nachgewiesen werden konnte (vgl. Bild 6.19). Die Schliffbilder bei der Erwärmungsleistung von P = 25 kW lassen die Vermutung zu, dass sich der Werkstoff bereits nach t_E = 0,5 s im Inneren des Bleches verflüssigt. Ausgehend von der WEZ wird das Korngefüge nach außen hin feiner, was auf eine schnellere Abkühlung schließen lässt. Weiterhin ist mit Δx (untere Reihe, mittleres Bild) ein Versatz der Kontaktstellen der oberen und unteren Elektrode zu erkennen, der auf eine ungenaue Positionierung im Prüfstand zurückzuführen ist. Grundsätzlich zeigt sich durch die Geometrie der erzeugten WEZ jedoch die Eignung sphärischer Elektrodenkappen.

6.1.1 Thermisch unterstütztes Scherschneiden

Thermal-assisted shear cutting

Methodik der Versuchsdurchführung

In der Prozessentwicklung für das Scherschneiden werden erwärmungsseitig die vier Variablen Elektrodengeometrie, Kontaktkraft, elektrische Leistung und Erwärmungsdauer variiert. Das Flussdiagramm in Bild 6.3 zeigt den Ablauf der Entwicklungssequenzen. Die Auswahl einer geeigneten Elektrodengeometrie erfolgt wie in Kapitel 6.1 beschrieben anhand der erzielten Geometrie der WEZ und der Reproduzierbarkeit des Ergebnisses. Dazu wird für eine gegebene Elektrodengeometrie die Kontaktkraft bis zum Maximalwert erhöht. Kann auch bei Einstellen der Maximalkraft keine kreisförmige WEZ erreicht werden, ist die Form der Elektrodenkappe ungeeignet und wird angepasst. Sobald eine kreisförmige WEZ erzielt wird, werden die Parameter Erwärmungsleistung und Erwärmungsdauer so eingestellt, dass das Blech auf eine ausreichend hohe Temperatur in einer möglichst kurzen Zeitdauer erwärmt wird.

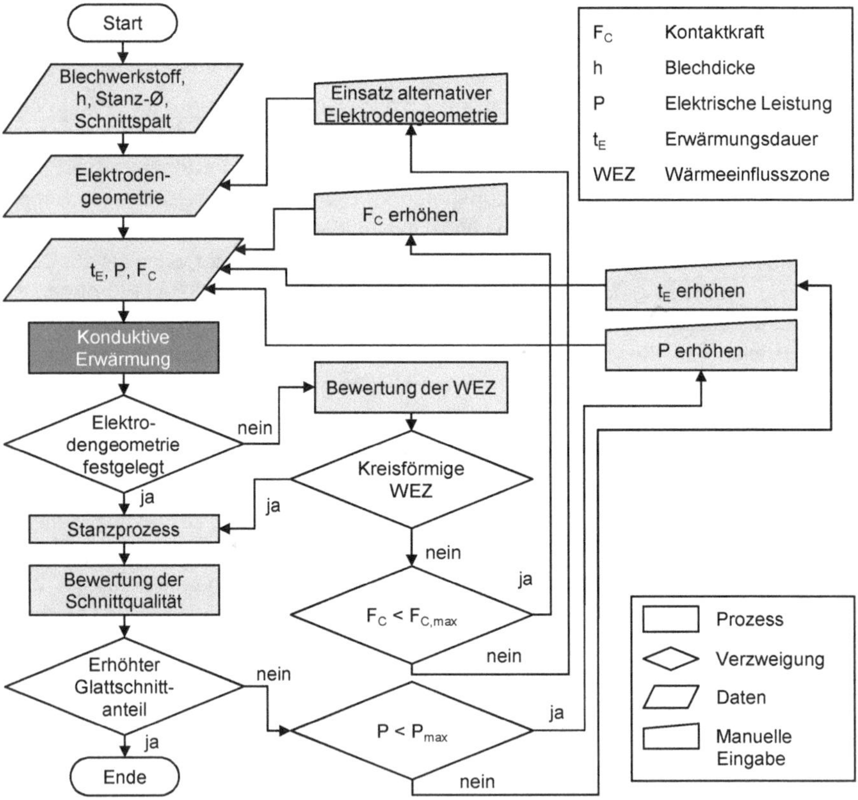

Bild 6.3: Flussdiagramm zur Prozessentwicklung für das Scherschneiden

Flow chart for the process development of shear cutting

Ergebnisse des Scherschneidens auf dem Prüfstand

Eine Analyse der Entwicklung des Glattschnitts für den mikrolegierten, thermomechanisch gewalzten Feinkornbaustahl S700MC in 3 mm Blechstärke ist in Bild 6.4 gezeigt. Der Stanzhub wird mit einem kreisförmigen Stempel mit 6 mm Durchmesser bei einem Schnittspalt von 10 % der Blechdicke durchgeführt. Die Kontaktkraft lag bei 1357 N.

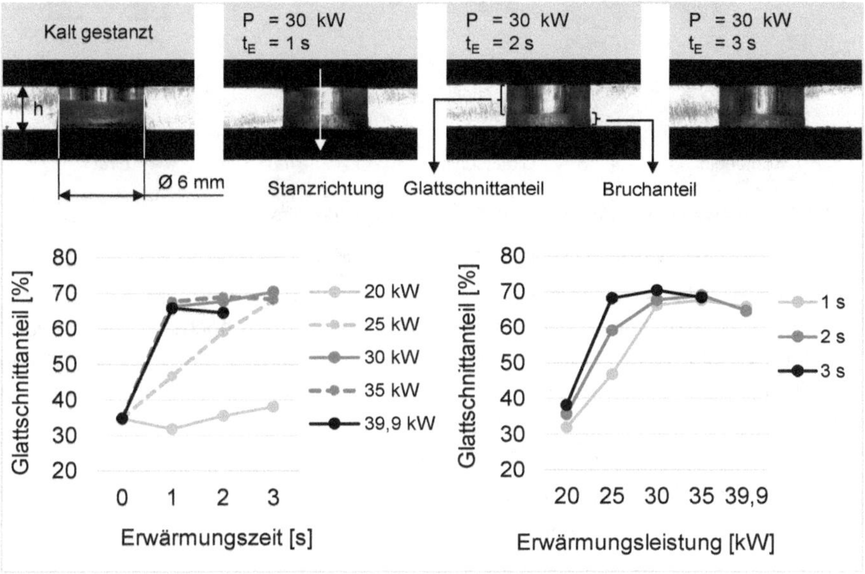

Bild 6.4: Auswertung des Glattschnitts an Blechen aus S700MC

Analysis of shear cut surface ratio at sheets of S700MC

Beim konventionellen Scherschneiden ohne thermische Bearbeitung liegt der Glattschnittanteil bei 34,7 % (s. linke Grafik). Ab einer Erwärmungsleistung von 25 kW ist ein deutlicher Einfluss auf den Glattschnittanteil zu sehen. 70 % Glattschnitt stellen für dieses Material eine Obergrenze dar, die auch bei weiterer Erhöhung der Erwärmungsenergie nicht überschritten wird. Für den Feinkornbaustahl lässt sich zusammenfassen, dass eine Qualitätssteigerung der Schnittfläche in trennenden Bearbeitungsschritten mit einem maximalen Glattschnittanteil von 70 % nachgewiesen wird.

Zur Validierung der Eignung der Technologie an einem weiteren Werkstoff ist in Bild 6.5 das Ergebnis einer Versuchsreihe mit 22MnB5 dargestellt. Der borlegierte Vergütungsstahl wird mit einem 10 mm großen Stempeldurchmesser und einem Schnittspalt von 10 % bearbeitet. Die Proben sind hinsichtlich der Anteile des Kanteneinzugs, Glattschnitts, Bruchs und Grats analysiert und zeigen eine deutliche Qualitätssteigerung mit zunehmender Erwärmungsenergie. Die angewendete Kontaktkraft ist identisch zur vorherigen Versuchsreihe.

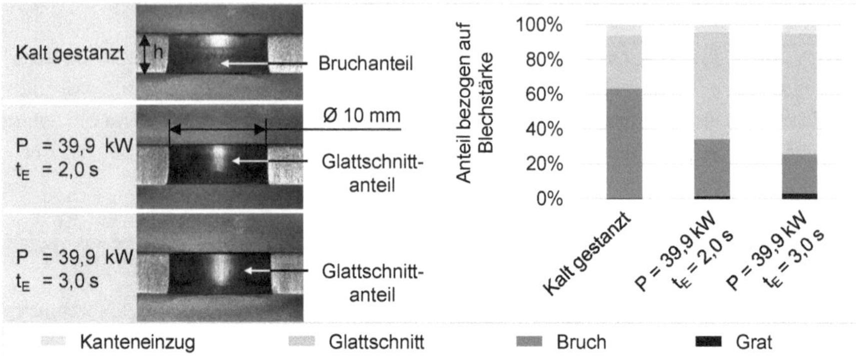

Bild 6.5: Analyse der Schnittfläche an Proben des Werkstoffs 22MnB5

Analysis of cutting surface at samples of 22MnB5

Im oberen Bild des konventionellen Prozessablaufs ohne Erwärmung ist ein hoher Bruchanteil zu erkennen. Diese Probe weist außerdem den höchsten gemessenen Wert für den Kanteneinzug auf. Mit zunehmender thermischer Energie, die lokal in das Bauteil eingebracht wird, lässt sich der Bruchanteil zu Gunsten des Glattschnittanteils auf bis zu 20 % reduzieren. Gleichzeitig erhöht sich aufgrund des erweiterten Formänderungsvermögens auch die Größe des Grats.

6.1.2 Thermisch unterstütztes Kragenziehen

Thermal-assisted flange forming

Im Prozessablauf des thermisch unterstützten Kragenziehens wird zunächst das Vorloch ohne einen Wärmeeintrag in das Bauteil gestanzt. Die Elektroden setzen danach auf dem Rand des Vorlochs für die Erwärmung auf. Wie beim Scherschneiden erfolgt die Erwärmung über zwei Elektrodenkappen mit sphärischer Geometrie. Am vorgelochten Blech ermöglicht diese Oberfläche einen ringförmigen Kontakt entlang der Schnittkante des Vorlochs, wodurch eine gleichmäßige, kreisförmige WEZ entsteht. Nach der Erwärmung wird das Blech in der Anlage vorgeschoben, sodass der Kragen im erwärmten Blechbereich aufgestellt werden kann. Die Zeitdauer zwischen dem Ende der Erwärmung und dem Auftreffen des Umformstempels auf dem vorgelochten Blech beträgt 240 ms. Für den Kragenzug wird ein Werkzeug bestehend aus einem Ziehstempel und einer Matrize eingesetzt. Bild 6.6 zeigt einen Werkzeugsatz für das Stanzen des Vorlochs sowie für das Aufstellen des Kragens. Die Werkzeuge bestehen aus hochfestem Stahl (HSS). Zur Reduktion der Reibung und für die Bearbeitung hochfester Materialien wird der Ziehstempel mit einer TiCN Beschichtung überzogen.

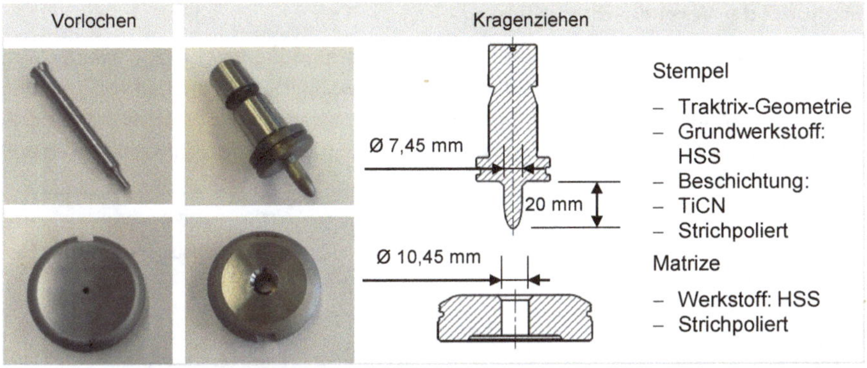

Bild 6.6: Geometrie von Stempel und Matrize für den Kragenzug

Geometry of punch and die for flange forming

Die Versuche zum Kragenziehen auf dem Prüfstand erfolgten mit einem Vorlochdurchmesser von d_1 = 3 mm, um mit dem Krageninnendurchmesser von d_2 = 7,45 mm ein Aufweitverhältnis von 2,48 zu erreichen. In konventionellen Verfahren kann diese Geometrie für die hochfesten Stähle nicht rissfrei geformt werden, wie in Bild 6.7 links zu sehen ist.

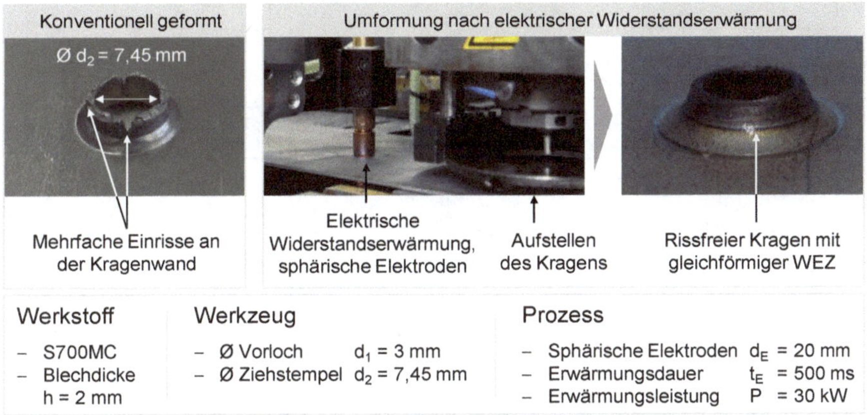

Bild 6.7: Aufstellen des Kragens nach elektrischer Widerstandserwärmung

Flange forming after local resistance heating

Wie das rechte Bild zeigt, kann die Umformbarkeit des Werkstoffs durch elektrische Widerstandserwärmung erhöht werden, sodass eine Herstellung des Kragens ohne Werkstoffversagen möglich wird.

Methodik der Versuchsdurchführung

Zur Demonstration der elektrischen Widerstandserwärmung beim Kragenziehen wird das bereits gezeigte Aufweitverhältnis von 2,48 gewählt. Durch Variation von Leistung und Zeitdauer der Erwärmung wird der Prozess für eine rissfreie Umformung der Krageometrie entwickelt. Das Flussdiagramm in Bild 6.8 zeigt den Entwicklungsablauf.

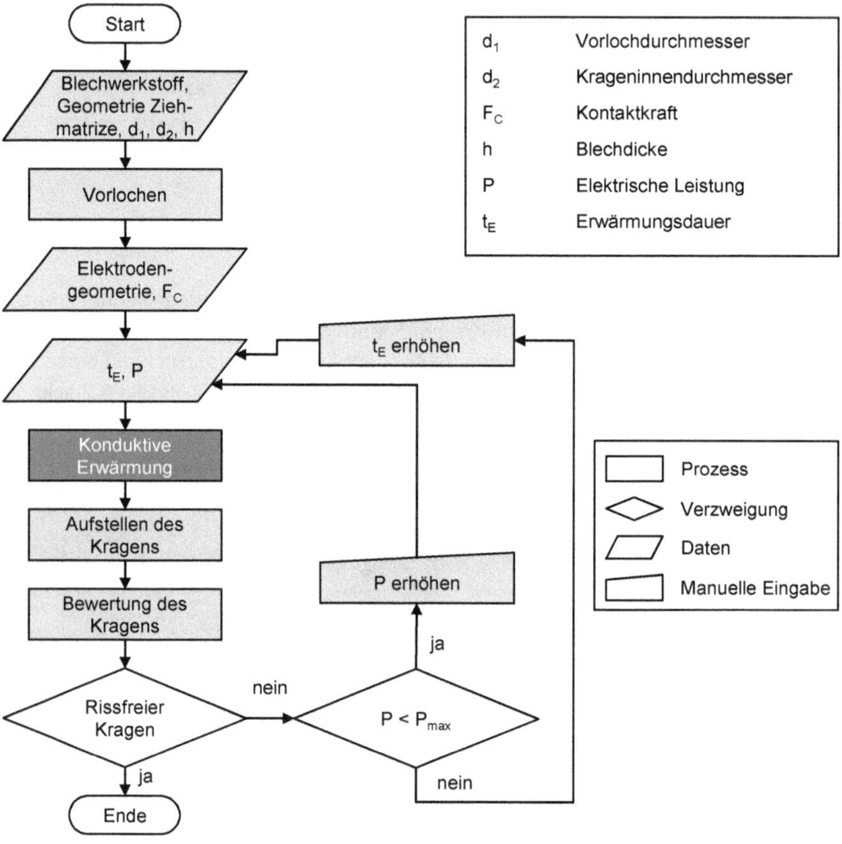

Bild 6.8: Flussdiagramm zur Prozessentwicklung für das Kragenziehen

Flow chart for the process development of flange forming

In Vorbereitung der Übertragung der Erwärmungsparameter auf den Umformprozess im Folgeverbundwerkzeug wird zunächst die Leistung auf den maximal möglichen Wert gesteigert, um einen unbeschädigten Kragen zu erhalten. Erst wenn die Maximalleistung P_{max} erreicht ist, wird die Zeit erhöht. Somit kann der Prozess optimal für die kurzen Taktzeiten zur Erreichung hoher Hubzahlen ausgelegt werden.

Ergebnisse des Kragenziehens auf dem Prüfstand

Bild 6.9 zeigt die Ergebnisse der Kragenzüge für unterschiedliche elektrische Leistungen und Erwärmungsdauer. Je geringer die elektrische Leistung P, desto höher muss die Erwärmungsdauer gewählt werden, um den Kragen schadensfrei formen zu können.

Bei den Querschnitten ist die jeweilige WEZ an den Spitzen der Kragen zu erkennen. Im untersten Bild ist die Entstehung von kohlenstoffarmem Martensit zu sehen, der bei den geringeren Erwärmungsleistungen nicht beobachtet wird. Im Vergleich zu den Erwärmungsprozessen an ebenen Blechen (vgl. Bild 6.2) entstehen martensitische Gefügestrukturen beim Kragenziehen mit erwärmtem Vorloch erst bei höheren Erwärmungsenergien.

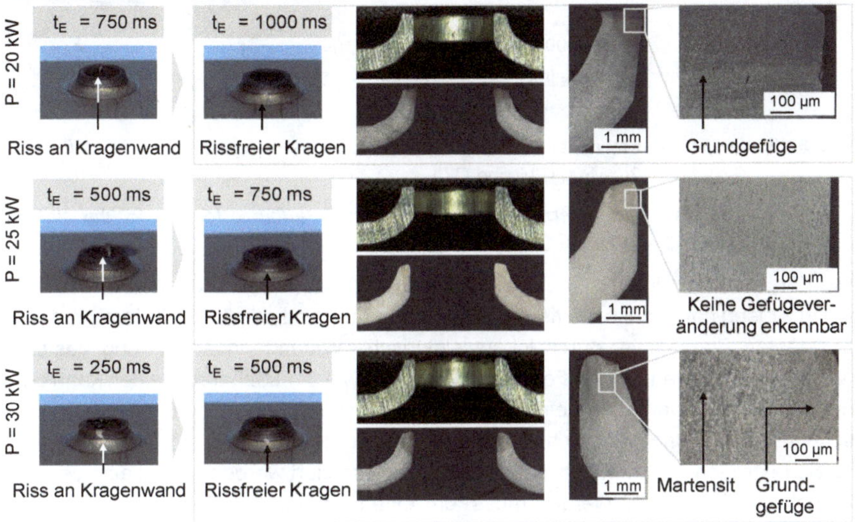

Bild 6.9: Querschnitte und Gefügeaufnahmen von Kragen in S700MC Blechen

Cross sections and microstructure analysis of flanges in S700MC sheets

Neben S700MC werden weitere Werkstoffe für das thermisch unterstützte Kragenziehen untersucht. Dazu gehören der unlegierte Vergütungsstahl C45, der Kohlenstoffstahl C75 sowie der niedriglegierte Vergütungsstahl 42CrMo4. Für alle eingesetzten Stähle ist das gewählte Aufweitverhältnis konventionell nicht rissfrei formbar. Eine schadensfreie Herstellung wird durch Einstellung einer geeigneten Kombination von Erwärmungsparametern für alle gewählten Werkstoffe ermöglicht, s. Bild 6.10. Dabei muss für den Stahl C75 die größte Energiemenge eingebracht werden. C45 und 42CrMo4 können unter denselben Erwärmungsbedingungen erfolgreich geformt werden. Für S700MC ist im Vergleich der geringste Energiebetrag in der Erwärmung notwendig.

Es ist zu beobachten, dass die notwendige, eingesetzte Energie mit dem Kohlenstoffgehalt der Stähle korreliert. Während der Anteil bei S700MC unter 0,12 % liegt, steigt er bei C45 bzw. 42CrMo4 auf Werte zwischen 0,39 und 0,5 % an und liegt für C75 zwischen 0,7 und 0,8 %.

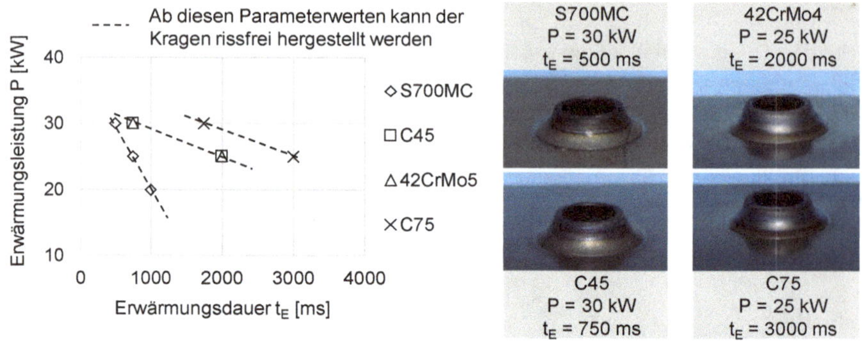

Bild 6.10: Grenzparameter der Erwärmung für rissfreies Kragenziehen der Werkstoffe S700MC, 42CrMo4, C45 und C75

Boundary parameters of heating for failure free flange forming for the materials S700MC, 42CrMo4, C45, and C75

Die dargestellten Umformergebnisse am Beispiel des Kragenziehens auf dem Prüfstand weisen nach, dass die rissfreie Umformbarkeit und somit der Umformgrad eines hochfesten Stahlblechs durch lokale elektrische Widerstandserwärmung gesteigert werden kann. In trennenden Fertigungsverfahren wie dem Scherschneiden kann durch die thermische Bearbeitung eine Qualitätssteigerung in Form eines erweiterten Glattschnittanteils entlang der Schnittfläche erzielt werden. Dazu kann das Blech durch zwei Elektroden auf der Ober- und Unterseite kontaktiert werden, wobei eine definierte Kontaktkraft eingestellt werden muss, um einen Anstieg der Temperatur wie in der numerischen Simulation in Kapitel 4 beschrieben, über die gesamte Blechdicke zu erreichen.

6.2 Prozessergebnisse der werkzeugintegrierten Bearbeitung

Process results of tool integrated processing

Nach der Versuchsdurchführung auf dem Prüfstand erfolgt die Demonstration des Prozesses unter industrienahen Fertigungsbedingungen im Folgeverbundwerkzeug. Damit wird die elektrische Widerstandserwärmung, die in einen mechanischen Bearbeitungsprozess integriert ist, auf einen Technologie-Reifegrad (TRL) von 6 angehoben. Die Versuchsreihen zur werkzeugintegrierten Bearbeitung in einer Presse werden mit Blechcoil aus S700MC in 2 mm Blechstärke durchgeführt. Die Erwärmung im Folgeverbundwerkzeug erfolgt in einem dafür entwickelten Modul einer Werkzeugfolge, in welchem die Elektroden das Blechcoil in Analogie zum Prüfstand von der Ober- und Unterseite kontaktieren. Zunächst wird die Paarung geeigneter Elektrodengeometrien untersucht. Eine Kombination aus einer Elektrode mit sphärischer Oberfläche und kreisförmiger Kontaktfläche bietet Optimierungspotenzial zur Vergrößerung der Fläche der WEZ. Durch die erhöhte Steifigkeit des Werkzeugs im Vergleich zum Prüfstand kann im Folgeverbundwerkzeug eine nahezu gleichmäßige Anpressung mit der kreisförmigen Geometrie erreicht werden. Bild 6.11 zeigt die Ergebnisse einer Analyse des Druckzustands zwischen diesen Elektroden und der Blechoberfläche mittels einer druckmessenden Folie.

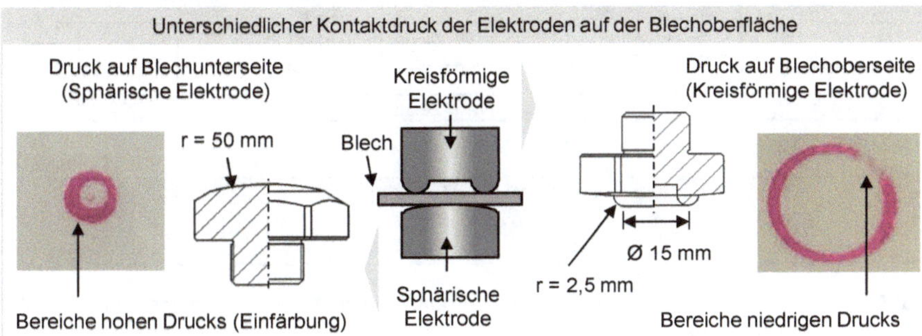

Bild 6.11: Analyse des Kontaktdrucks durch sphärische und kreisförmige Elektroden

Analysis of contact pressure for spherical and circular electrodes

Obwohl bei der kreisförmigen Elektrode auf der Blechoberseite Unregelmäßigkeiten in der Kontaktkraft zu erkennen sind, führt die Elektrodenkombination durch die hohe Führungsgenauigkeit des Folgeverbundwerkzeugs zu einer nahezu kreisförmigen Ausbreitung der WEZ, vgl. Bild 6.14. Die größere Erwärmungsfläche deckt beim Kragenziehen im Vergleich zu den Grundlagenversuchen auch den Übergangsbereich zwischen Kragen und ebenem Blech ab. Demnach wird die elektrische Energie für die anschließenden Versuchsreihen zum Scherschneiden und Kragenziehen über diese Elektrodenformen in das Blech eingeleitet.

6.2.1 Scherschneiden nach elektrischer Widerstandserwärmung

Shear cutting after electrical resistance heating

Aus den Ergebnissen der thermischen Simulation in Kapitel 4.5 ist die hohe Abkühlgeschwindigkeit des Blechs nach Ende der Erwärmungsdauer bekannt. Um die Abkühlung im Blechwerkstoff auf ein Minimum zu reduzieren, wird das Modul zur Erwärmung für den Scherschneidprozess unmittelbar vor dem Modul zum Vorlochen positioniert, s. Bild 6.12.

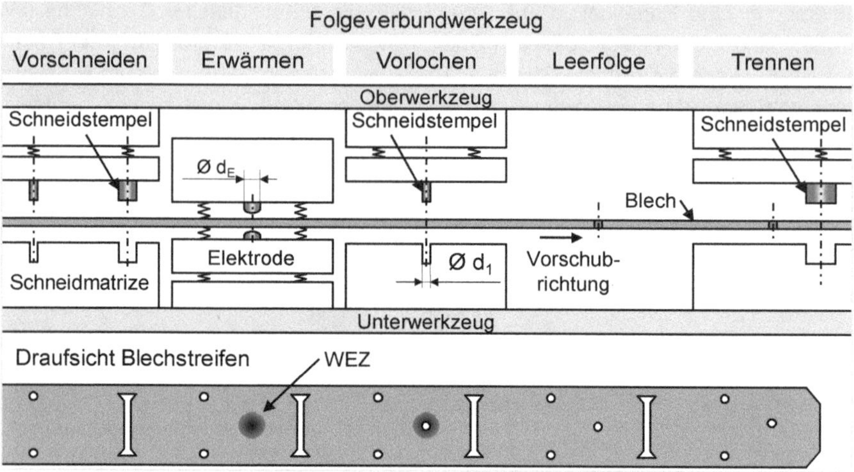

Bild 6.12: Anordnung der Module im Folgeverbundwerkzeug beim Scherschneiden mit Widerstandserwärmung

Sequence of modules in the progressive die for stamping with resistance heating

Für die Prozessentwicklung wird eine Hubzahl von 20 Hub/Minute eingestellt. Im Zusammenspiel mit der eingestellten Stößelbewegung (vgl. Bild 6.22) und dem Druck in den Gasdruckfedern des Erwärmungsmoduls ergibt sich eine Kontaktzeit der Elektroden mit dem Blech von 2031 ms. Befinden sich die Kupferelektroden in Kontakt mit dem zu erwärmenden Stahlblech, findet durch den hohen Wärmeleitungskoeffizienten von Kupfer ein Abfließen der Wärme in die gekühlten Elektroden statt. Dieser Wärmefluss soll nach Ende der Erwärmung unterbunden werden, um eine möglichst hohe Blechtemperatur zu erhalten. Folgerichtig wird die Erwärmung am Ende der zur Verfügung stehenden Erwärmungszeit durchgeführt. Bild 6.13 zeigt den Ablauf der Prozessschritte Vorschub, Aufbau der Kontaktkraft, Kontaktzeit und Erwärmungszeitraum vor dem Hintergrund des Stößelwinkels für eine sinusförmige Stößelbewegung.

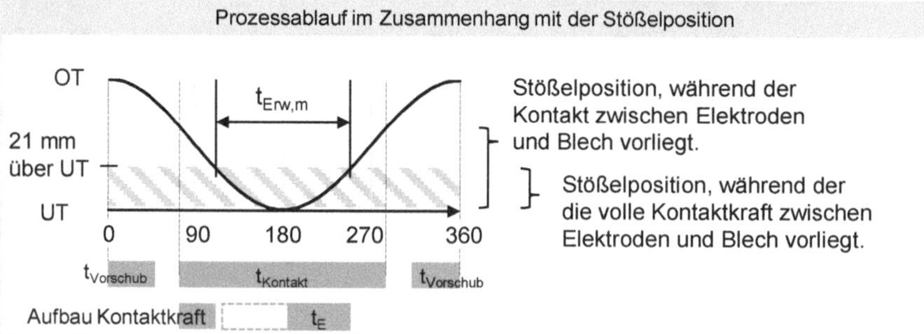

Bild 6.13: Prozessablauf von Vorschub und Erwärmungszeit über einen vollständigen Hub

Process sequence of feeding and heating duration during a single press stroke

Die mit diesem Ablauf erreichten Ergebnisse für das Scherschneiden sind Bild 6.14 zu entnehmen. Der Schneidprozess erfolgt ohne Schmierstoffzugabe, sodass es sich um einen trockenen Beschnitt handelt. Das rechte Bild zeigt die kreisförmige WEZ, die sich durch die eingesetzte Elektrodengeometrie und die angegebenen Erwärmungsparameter ergibt. Die dargestellten Schnittflächen sind nach vorheriger Erwärmung mit P = 26 kW für unterschiedliche Erwärmungszeiten entstanden. Der Durchmesser des Vorlochs beträgt 3,5 mm bei einem Schnittspalt von e = 7,5 %. Eine genauere Analyse des Glattschnitts wird in Bild 6.15 und Bild 6.16 gegeben.

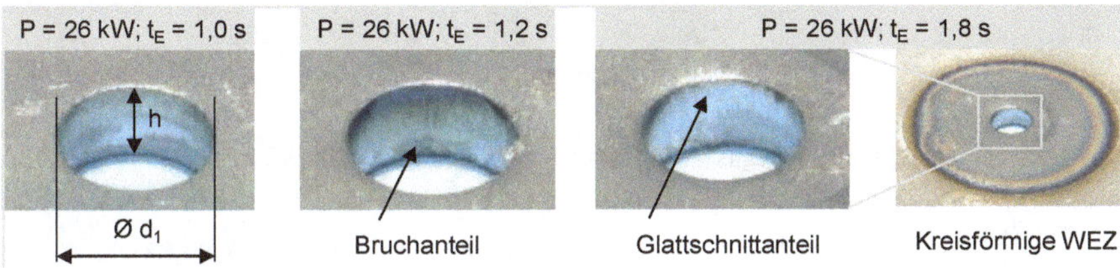

Werkstoff
- S700MC
- Blechdicke h = 2 mm

Prozess
- Elektrode oben: kreisförmig, d_{EK} = 15 mm
- Elektrode unten: sphärisch, r = 50 mm
- Kontaktkraft F_C = 1357 N

Werkzeug
- Ø Vorloch d_1 = 3,5 mm
- Schnittspalt: e = 7,5 %

Bild 6.14: Scherschneiden nach vorheriger Erwärmung an S700MC im Folgeverbundwerkzeug

Shear cutting after resistance heating of S700MC in a progressive die tool

Für das untersuchte Material beläuft sich der Glattschnittanteil für das konventionelle Stanzen ohne Erwärmung auf 37,1 %. Analog zu den Versuchen am Grundlagenprüfstand ist zu beobachten, dass der Glattschnittanteil mit steigender Leistung und steigender Erwärmungsdauer zunimmt und somit eine Qualitätssteigerung der Schnittkante erzielt wird, s. Bild 6.15 und Bild 6.16. Der größte Glattschnittanteil wird erreicht mit einer Leistung von 30 kW und 800 ms Erwärmungsdauer. Er liegt bei 89,79 % und entspricht damit einer Steigerung gegenüber dem konventionellen Stanzen um den Faktor 2,4. Bei einer Erwärmungsleistung von bis zu 22 kW liegt der maximal erreichte Glattschnittanteil bei 50,35 %. Bei 24 kW wird eine vergleichsweise hohe Erwärmungsdauer von mehr als 1,5 s benötigt, um Werte von ca. 80 % zu erreichen. Erst bei höheren Leistungen von mindestens 26 kW können Glattschnittanteile zwischen 60 und 90 % hergestellt werden.

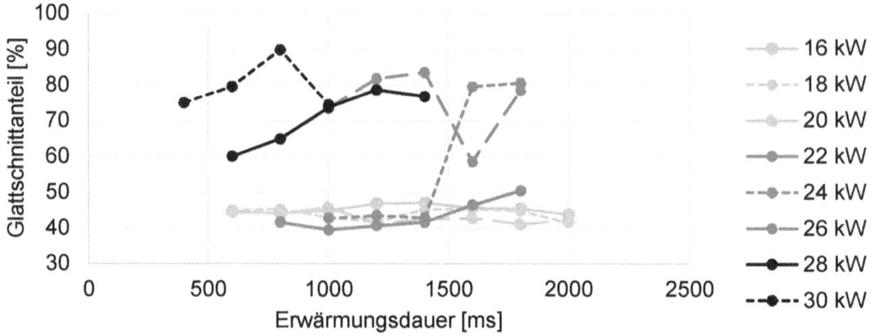

Bild 6.15: Entwicklung des Glattschnittanteils des Werkstoffs S700MC mit zunehmender Erwärmungsdauer

Development of clear cut surface ratio of the steel S700MC with increasing heating duration

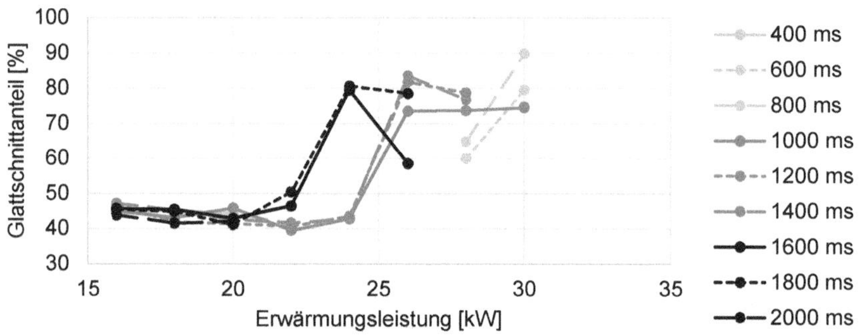

Bild 6.16: Entwicklung des Glattschnittanteils des Werkstoffs S700MC mit zunehmender Erwärmungsleistung

Development of clear cut surface ratio of the steel S700MC with increasing heating power

Bei der höheren Leistung von 30 kW wird bereits bei einer Erwärmungsdauer von 400 ms ein Glattschnittanteil von 74,9 % erreicht. Mit dieser kurzen Erwärmungsdauer kann die elektrische Widerstandserwärmung in Produktionsprozessen in Pressen eingesetzt werden, welche mit ca. 60 Hub/Minute produzieren. Voraussetzung ist eine Stößelbewegung, welche die Kontaktierung des Blechs mit den Elektroden für mindestens 400 ms bei einer definierten Kontaktkraft gewährleistet.

6.2.2 Kragenziehen nach elektrischer Widerstandserwärmung

Flange forming after electrical resistance heating

Im Folgeverbundwerkzeug werden die einzelnen Bearbeitungsmodule für das Kragenziehen mit elektrischer Widerstandserwärmung wie in Bild 5.8 gezeigt angeordnet. Zunächst wird das im Durchmesser 3,5 mm messende Vorloch gestanzt. Anschließend erfolgt die Erwärmung, bevor der Kragen aufgestellt wird. Für das Kragenziehen wird die Hubzahl zwischen 20 und 30 Hub/Minute variiert. Zur Beurteilung der Qualität der Kragen wird eine optische Analyse der Oberfläche zur Rissdetektion durchgeführt sowie geometrische Eigenschaften im Querschliff untersucht. Gefügeanalysen und Mikrohärtemessungen geben Aufschluss über werkstoffseitige Veränderungen durch den Erwärmungs- und Umformprozess. Bild 6.17 zeigt die Zielgeometrie des Kragens, der mit einem Innendurchmesser von 7,45 mm ein Aufweitverhältnis von 2,13 aufweist und konventionell nicht herstellbar ist.

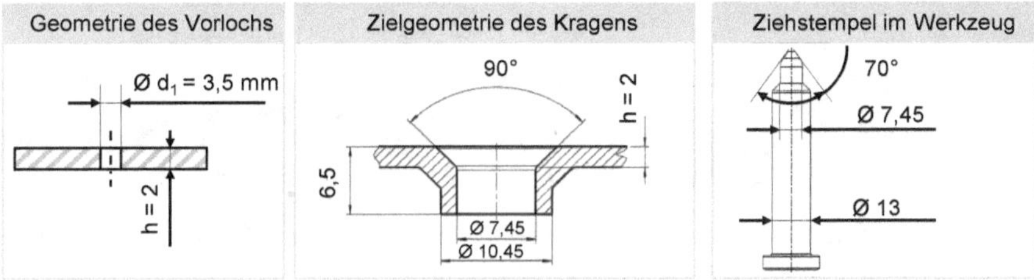

Bild 6.17: Geometriedaten des Stempels und Kragens

Geometrical data of the punch and flange

Zunächst wird der Werkstoff nach dem Vorlochen und der anschließenden Erwärmung analysiert. Die Ergebnisse in Bild 6.18 und Bild 6.19 zeigen den Werkstoff nach der Bearbeitung mit 30 Hub/Minute und einer Erwärmung mit t_E = 900ms bei unterschiedlichen Leistungen P. Die linke Aufnahme des Gefüges mit den eigezeichneten Linien ist jeweils an der Schnittfläche des Vorlochs aufgenommen, was im oberen Bild gut an den nach unten gekrümmten Seigerungslinien zu erkennen ist. Im rechten Teil ist die Auswertung der Mikrohärte entlang dieser drei Linien gezeigt.

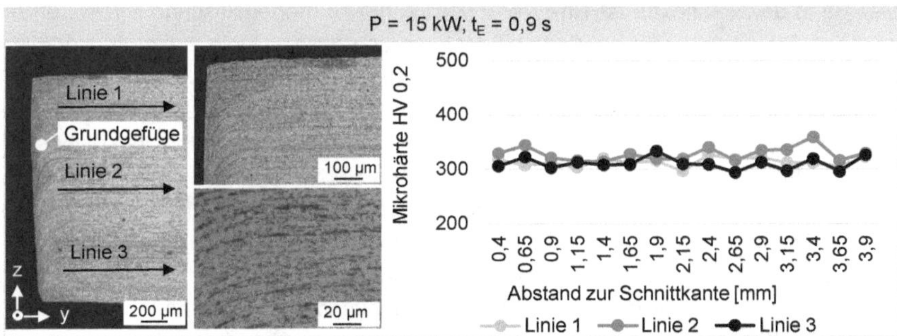

Y-Position	0,4	0,65	0,9	1,15	1,4	1,65	1,9	2,15	2,4	2,65	2,9	3,15	3,4	3,65	3,9
Linie 1	318	307	311	303	320	312	315	296	327	318	321	312	312	304	322
Linie 2	328	343	320	315	313	327	318	318	339	315	334	335	358	315	328
Linie 3	305	321	302	312	307	308	332	309	308	293	312	296	318	295	325

Bild 6.18: Härteverlauf an vorgelochten und anschließend erwärmten Proben aus dem Werkstoff S700MC. Elektrische Leistung P = 15 kW

Hardness measurement at pre punched and heated samples of the steel S700MC. Electrical power P = 15 kW

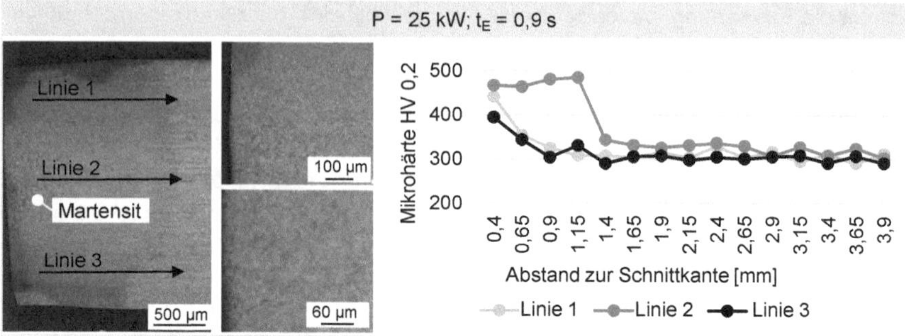

Y-Position	0,4	0,65	0,9	1,15	1,4	1,65	1,9	2,15	2,4	2,65	2,9	3,15	3,4	3,65	3,9
Linie 1	441	353	325	308	308	303	316	303	328	303	317	295	311	291	312
Linie 2	467	464	481	485	343	331	326	331	336	329	307	328	308	325	304
Linie 3	394	343	304	330	290	306	308	298	305	301	306	309	292	308	292

Bild 6.19: Härteverlauf an vorgelochten und anschließend erwärmten Proben aus dem Werkstoff S700MC. Elektrische Leistung P = 25 kW

Hardness measurement at pre punched and heated samples of the steel S700MC. Electrical power P = 25 kW

Gemäß Bild 6.18 führt die Erwärmungsleistung von P = 15 kW zu keiner sichtbaren WEZ im Werkstoff. Die Seigerungslinien aus dem Grundwerkstoff sind auch nach der Erwärmung gut zu erkennen. Eine Lösung des dort konzentrierten Kohlenstoffs hat nicht stattgefunden. Die Härtewerte befinden sich alle im Bereich der Grundhärte des Werkstoffs im Ausgangszustand um ca. 320 HV 0,2.

Die Erwärmung mit höherer Leistung von 25 kW in Bild 6.19 führt zu einer deutlich sichtbaren WEZ über die gesamte Blechdicke im Bereich neben der Schnittkante. Im Gefüge in der Blechmitte ist eine Veränderung hin zu martensitischen Strukturen erkennbar. Die damit einhergehende Härtesteigerung entlang Linie 2 wird im Härteverlauf deutlich. Die Werte von unter 500 HV 0,2 zeigen eine niedrige Härte für Martensit an. Diese Beobachtung stützt die Aussage aus Kapitel 6.1, dass es sich bei diesem Martensit um Lanzett-Martensit eines kohlenstoffarmen Stahls handelt, da kohlenstoffarme Stähle üblicherweise Martensit mit weichen Härteeigenschaften ausbilden. Zusätzlich zeigt die Auswertung des Härteverlaufs erneut die Eigenschaft der elektrischen Widerstandserwärmung, den Werkstoff nicht indirekt über die Oberflächen, sondern unmittelbar als Teil des Stromkreises zu erwärmen. Die größte Härtesteigerung und höchste Eindringtiefe in Y-Richtung (Blechlängsrichtung) wird entlang der mittleren Ebene des Blechs nachgewiesen (vgl. Linie 2). Ausgehend von der Schnittkante ist eine Eindringtiefe der WEZ von ca. 1,5 mm und eine Härtesteigerung über die Länge von mehr als 1 mm zu sehen.

Für das anschließende Aufstellen des Kragens ist eine gesteigerte Härte entlang der Schnittkante jedoch zu vermeiden. Während des Umformprozesses erfährt dieser Bereich die größte Dehnung und muss über eine ausreichende Duktilität verfügen. Die Prozessabfolge aus Vorlochen, Erwärmen und Kragenziehen ist in Bild 5.8 gezeigt.

Um im Produktionsprozess die Ausbringung zu maximieren, muss der Prozess mit einer möglichst großen Hubzahl betrieben werden, wodurch die mögliche Erwärmungsdauer minimiert wird. Ziel der Prozessentwicklung ist daher, eine möglichst große Leistung einzustellen, mit der die Kragen rissfrei aufgestellt werden können und bei der weder Anschmelzungen auf der Blechoberfläche noch Effekte des Härtens auftreten. Im darauffolgenden Schritt ist die Erwärmungsdauer so gering wie möglich zu halten, um die Hubzahl maximieren zu können.

Die Werte für die elektrische Leistung, mit denen diese Ziele erreicht werden, liegen zwischen 20 und 21 kW. Bei der gewählten Stößelbewegung können mit Erwärmungsdauern von 1345 ms, 1615 ms und 1950 ms, die zu rissfreien Kragen führen, die Hubzahlen 20, 25 und 30 Hub/Minute umgesetzt werden. Bild 6.20 zeigt die Auswertung der Geometrien der Kragen, die mit den oben genannten Prozessparametern erwärmt und hergestellt werden. Als Geometrieparameter werden die Wandstärke sowie die Kragenhöhe an zwei gegenüberliegenden Positionen untersucht.

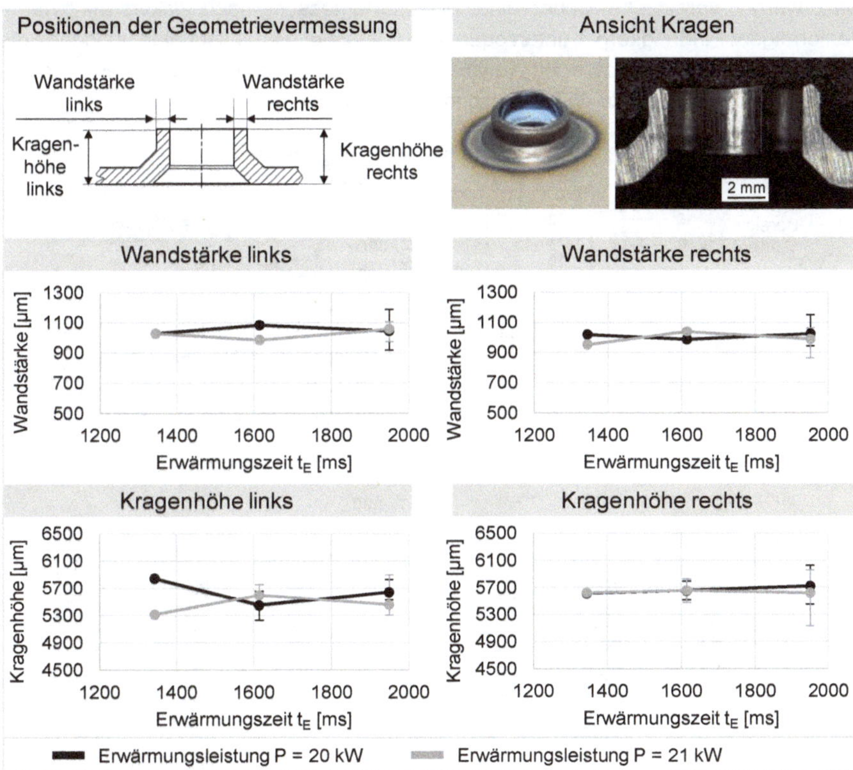

Bild 6.20: Auswertung der geformten Kragengeometrie. Werkstoff: S700MC

Analysis of formed flange geometry. Material: S700MC

Zunächst ist festzuhalten, dass die Umformbarkeit des Werkstoffs durch die Erwärmung so weit erhöht werden kann, dass eine rissfreie Herstellung des Aufweitverhältnisses möglich ist. Bei der ausgeformten Kragenhöhe werden stärkere Schwankungen beobachtet als bei der Wandstärke. Eine weitere generelle Tendenz ist, dass längere Erwärmungszeiten zu einer höheren Streuung bei mehrfachem Prozessdurchlauf führen. Im Vergleich der geformten Geometrien mit der Zielgeometrie aus Bild 6.17 fällt auf, dass die Kragenhöhe von 6,5 mm nicht vollständig erreicht wird. Die Zielgeometrie gibt eine umlaufende Wandstärke von 1,5 mm vor. Die analysierten Kragen haben eine niedrigere Kragenhöhe, gleichzeitig aber auch eine geringere Wandstärke, sodass sich der Kragen aus einem geringeren Werkstoffvolumen zusammensetzt. Ein möglicher Optimierungsansatz könnte demnach in der Anpassung des Werkzeugs liegen, um eine größere Materialmenge in den Umformprozess einzubeziehen.

Über die Analyse der Oberflächenhärte kann bestimmt werden, ob durch die Bearbeitung eine Gefügeveränderung in Richtung höherer Festigkeiten stattgefunden hat. Dazu werden vereinzelte Proben einer Mikrohärtemessung nach Vickers mit pyramidenförmigem Eindringkörper unterzogen. Bild 6.21 zeigt die Messpunkte, an denen die Härte bestimmt wird. Dazu erfolgt jeweils eine Messreihe entlang der Innen- und Außenseite der aufgestellten und aufgeschnittenen Kragen.

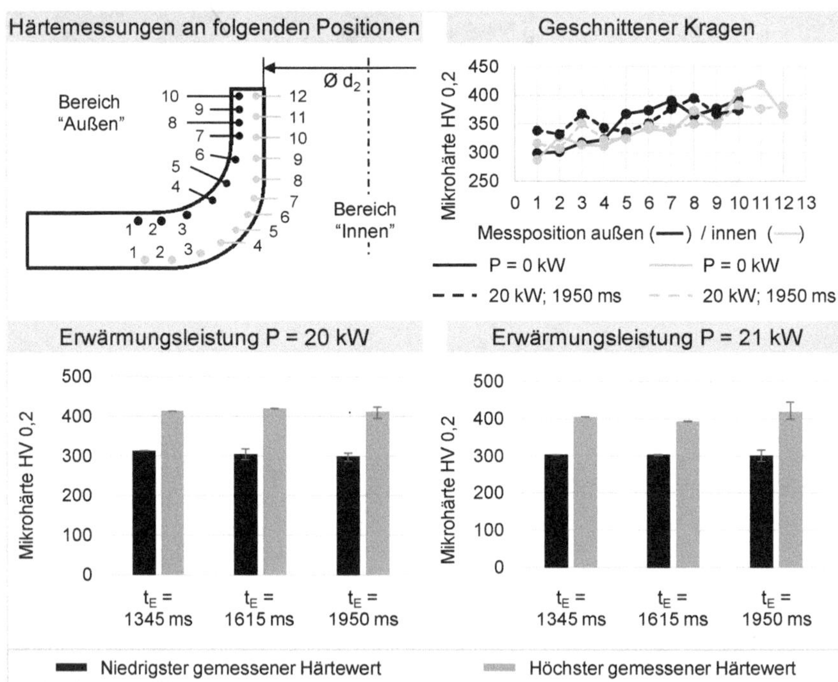

Bild 6.21: Auswertung der Härte entlang der Kragenoberfläche an Proben aus S700MC

Evaluation of hardness along the flange's surface of samples made of S700MC

Oben rechts ist der Verlauf der Härte über die einzelnen Messpunkte für die Referenzumformung ohne Erwärmung und die Umformung nach Erwärmung mit einer Leistung von P = 20 kW für eine Dauer von t_E = 1,95 s dargestellt. Während die Härte außerhalb der WEZ und außerhalb des Umformbereichs (Messpositionen 1 und 2) zwischen 280 und 350 HV 0,2 liegen, wird die Härte im Bereich der Kragenspitze (Messpositionen 10 bis 12) auf über 350 HV 0,2 gesteigert. Für die kalte Referenzumformung stellt sich eine Härtesteigerung von ca. 70 HV 0,2 zwischen den Messpunkten 1 und 10 im äußeren Bereich bzw. 1 und 12 im inneren Bereich ein. Die Steigerung der Härte ist demnach auf die Werkstoffverfestigung durch den Umformprozess zurückzuführen. Die Betrachtung der Härteentwicklung der erwärmten Probe zeigt, dass durch die Erwärmung des Werkstoffs keine wesentlichen Veränderungen der Härtewerte gegenüber der Referenzprobe erreicht werden, wie es durch die Erwärmung mit 20 bzw. 21 kW auch beabsichtigt wurde.

Gemäß der Auswertung in den unteren Abbildungen weichen auch bei anderen Erwärmungszeiten die minimalen und maximalen Härtewerte nicht stark von den Ergebnissen aus der Referenzumformung ohne Erwärmung ab. Die thermische Bearbeitung des S700MC ermöglicht demnach die Herstellung rissfreier Kragen, ohne dass die Härteeigenschaften beeinflusst werden. Damit eignet sich die Technologie, um in nachfolgenden Prozessen z. B. zu Montagezwecken ein Gewinde in den Kragen zu formen.

Einstellung der Stößelbewegung

Zur Steigerung der Ausbringungsrate kann mit einer hohen Hubzahl des Stößels gearbeitet werden. Folgt die Stößelposition einem sinusförmigen Verlauf, wie es bei Exzenterpressen mit herkömmlichem Antrieb der Fall ist, kann bei hohen Hubzahlen nur eine kurze Zeitdauer für die Erwärmung genutzt werden, in der sich der Stößel unterhalb der 21 mm befindet, sodass die volle Kontaktkraft anliegt (vgl. Bild 6.13). Die Servopressentechnik bietet die Möglichkeit, den Stößelverlauf anzupassen. Durch eine langsamere Vertikalbewegung im Bereich vor UT lässt sich, wie in Bild 6.22 dargestellt, eine längere Zeitdauer für die Erwärmung einstellen.

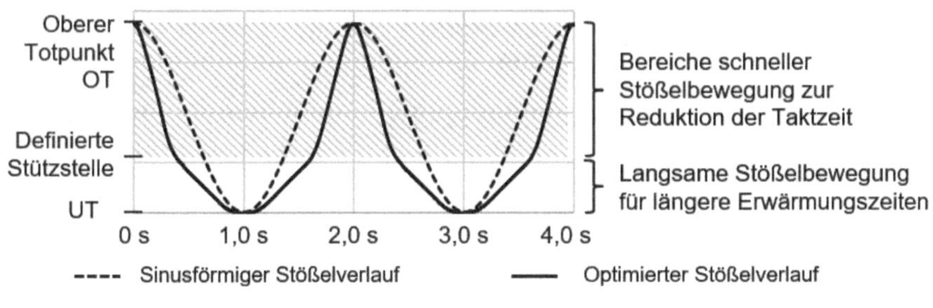

Bild 6.22: Verlauf der Stößelposition bei 30 Hub/Minute

Plunger position curve at 30 spm

Der gezeigte optimierte Stößelverlauf wird daher sowohl bei den Versuchsreihen mit 20 als auch 30 Hub/Minute angewendet und führt zu Kontaktzeiten zwischen Elektroden und Blech von 2031 bzw. 1355 ms. Damit können ca. 2/3 der Zeitdauer eines Hubs für die Erwärmung genutzt werden.

6.3 Validierung der Simulation

Validation of the simulation

Da in der numerischen Simulation die thermischen Prozesse ohne die mechanische Bearbeitung abgebildet werden, wird die Validierung anhand der experimentellen Untersuchungen zur Erwärmung durchgeführt. Das in der Simulation zugrunde liegende Spannungsniveau beträgt 8,5 V. Die Stromstärke von 2311 A ist demnach vergleichbar mit einer elektrischen Erwärmungsleistung von ca. 20 kW. 3000 A entsprechen ca. 25 kW und 3600 A der Leistung von ungefähr 30 kW. Zur Simulationsvalidierung wird zunächst die Verteilung unterschiedlicher Temperaturzonen über die Blechdicke während eines bestimmten Zeitpunkts der Erwärmung betrachtet. Weiterhin wird das Werkstoffverhalten während des Erwärmens und Abkühlens aus den experimentellen Versuchen mit den simulierten Ergebnissen verglichen. Als zusätzliches Bewertungskriterium wird die Analyse des Einflusses unterschiedlicher Kontaktkräfte der Elektroden herangezogen.

In Bild 6.23 werden Gefügeaufnahmen aus Probenkörpern und die simulierte Temperaturverteilung im Längsschnitt durch das Blech gegenübergestellt. Dabei ist der Zustand zum Zeitpunkt t_E = 0,75 s und 1,0 s gezeigt.

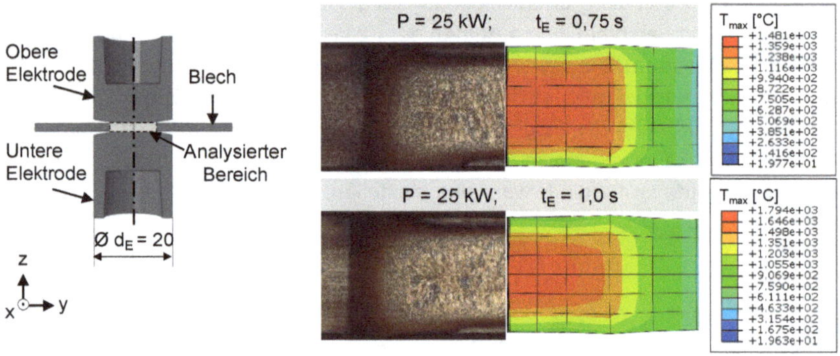

Bild 6.23: Vergleich von Simulation und experimenteller Analyse hinsichtlich der Temperaturverteilung für den Werkstoff S700MC

Comparison of simulation and experimental analysis regarding temperature distribution for the material S700MC

Die Gefügeaufnahmen lassen den Rückschluss zu, dass sich im Inneren der Bleche temporär eine Schmelze befunden hat, die erstarrt ist und martensitisches Gefüge hinterlässt. Entsprechend muss während der Erwärmung die Schmelztemperatur erreicht worden sein, was sich für die Bereiche entlang der Blechmittelebene auch in den Simulationsergebnissen zeigt. Die Ausbreitung der WEZ in Längsrichtung des Blechs zeigt ebenfalls eine gute Übereinstimmung von Simulation und Mikrostruktur.

Im Querschliff zeigen die Blechoberseite und -unterseite Bereiche niedrigerer Temperaturen an den Kontaktstellen zu den Elektroden durch die dorthin abfließende Wärme. Das Simulationsmodell bildet das Teilsystem bestehend aus den gekühlten Elektrodenkappen und einem Blechausschnitt ab, sodass auch in der berechneten Temperaturverteilung eine Abkühlung in diesen Bereichen zu erkennen ist.

Hinsichtlich des Erwärmungsverlaufs geht aus der Simulation hervor, dass es ca. 0,65 s dauert, bis in einem 3 mm dicken Blech aus S700MC mit der Kontaktkraft von 2,7 kN die Solidustemperatur erreicht ist, wenn mit 25 kW erwärmt wird (s. Bild 4.14). Wie Bild 6.2 entnommen werden kann, zeigen die Schliffbilder bei identischen Parametern bereits nach 0,5 s, dass sich das Gefüge aus einem Schmelzzustand abgekühlt hat. Die Zeitdauer bis zum Erreichen der Solidustemperatur unterscheidet sich demnach zwischen Simulation und Realität in diesem Punkt um mindestens 23,1 %.

Zur Validierung der Simulation bezüglich des Abkühlverhaltens wird auf das ZTU-Diagramm in Bild 4.2 zurückgegriffen. Demnach muss die Abkühlung nach der Erwärmung mit einer $t_{8/5}$-Zeit von unter 3 s erfolgen, um eine vollständige Martensitstruktur zu erzeugen. In den Versuchen wird diese Zeit zumindest für den Bereich entlang der Blechmittelebene unterschritten, da hier vollständig Martensit vorliegt, wie Bild 6.2 belegt. Die Simulation bestätigt dieses Werkstoffverhalten, indem hohe Abkühlraten von mehr als 1000°C/s berechnet werden (s. Bild 4.15).

Der simulierte und getestete Einfluss einer variierenden Kontaktkraft wird als weiteres Kriterium analysiert. Die Simulationsergebnisse zum Erwärmungsvorgang aus Bild 4.11 verdeutlichen, dass der Temperaturgradient bei niedriger Kontaktkraft größer ist als bei hoher Kontaktkraft. In den experimentellen Untersuchungen wird dieser Effekt bestätigt und wie in Kap. 6.1.1 beschrieben mit einer möglichst geringen Kontaktkraft gearbeitet.

Zusammenfassend lässt sich festhalten, dass grundlegende Zusammenhänge zwischen der Erwärmungsdauer, Erwärmungsleistung, Kontaktkraft und der Temperatur in der Simulation korrekt abgebildet werden. Auch die berechneten Temperaturgradienten bei der Erwärmung und Abkühlung stimmen in guter Näherung mit experimentellen Ergebnissen überein. Im Vergleich des Temperaturzustands im Blechquerschnitt zu definierten Zeitpunkten während der Erwärmung werden Ungenauigkeiten in der Simulation deutlich. Ein genauerer Vergleich der berechneten Ergebnisse mit den hergestellten Gutteilen und damit eine präzise Validierung der Simulation ist insofern komplex, da sich die Temperatur während der Bearbeitungsprozesse experimentell nur eingeschränkt ermitteln lässt. Kontaktierende Messverfahren würden das Messergebnis beeinflussen und die Messsensoren selbst würden von elektrischem Strom durchflossen werden. Für optische Messverfahren sind die relevanten Blechoberflächen zwischen den Elektroden sowie die Bereiche im Blechinneren nicht zugänglich. Für die vorliegende Validierung wird daher der Umweg über die Gefügeanalyse für die Bestimmung von Temperaturbereichen genutzt, über die eine Bewertung der Simulationsergebnisse möglich ist.

6.4 Ergebnisdiskussion

Discussion of results

Im vorliegenden Kapitel wurde die Eignung der elektrischen Widerstandserwärmung für die Bearbeitung hochfester Stahlbleche nachgewiesen. Eine beidseitige Kontaktierung mit Elektroden, die eine sphärische oder kreisförmige Kontaktfläche aufweisen und unter einer definierten Kraft das Blech kontaktieren, ermöglicht eine lokale Erwärmung des Stahlblechs. Die Technologie erlaubt eine Erwärmung innerhalb kurzer Prozesszeiten, sodass beispielsweise der Schmelzzustand im Inneren des Blechs nach weniger als 0,5 s bei einer Erwärmungsleistung von 25 kW erreicht werden kann.

Für die Anwendung des Scherschneidens konnte für den Werkstoff S700MC im Folgeverbundwerkzeug eine Steigerung des Glattschnittanteils von 37,1 % auf 90 % bei einer Leistung von 30 kW erreicht werden. Am Beispiel des Kragenziehens wurde eine Erweiterung des Formänderungsvermögens durch die Erwärmung erfolgreich nachgewiesen. Für die Werkstoffe S700MC, 42CrMo4, C45 und C75 wurde mit einer Leistung zwischen 20 und 30 kW und Erwärmungszeiten von 0,5 s bis 3,0 s ein Aufweitverhältnis von 2,48 rissfrei auf dem Prüfstand hergestellt. In der Bearbeitung im Folgeverbundwerkzeug mit integrierter Erwärmung wurde das Aufweitverhältnis von 2,13 an Kragen aus S700MC rissfrei geformt, was konventionell nicht möglich ist.

Mit den Ergebnissen aus Kapitel 5 und Kapitel 6 wird die erste Forschungsfrage aus Kapitel 3 zur Erhöhung der Bauteilqualität und Erweiterung der Umformgrade bei hochfesten Stählen durch elektrische Widerstandserwärmung beantwortet. Im nächsten Kapitel wird die Technologie mit der Umformung metallischer BPP für Brennstoffzellen auf eine weitere Anwendung übertragen. Erweiterte Umformgrade durch die elektrische Widerstandserwärmung sollen genutzt werden, um größere Kanaltiefen schadensfrei herstellen zu können und somit die Effizienz der Brennstoffzellen zu erhöhen.

7 Elektrische Widerstandserwärmung von Bipolarplatten

Electrical resistance heating of bipolar plates

Zur weiteren Bewertung der elektrischen Widerstandserwärmung wird deren Eignung in der Umformung metallischer BPP für PEM-Brennstoffzellen analysiert. In den bisher untersuchten Prozessen zum Scherschneiden und Kragenziehen verlief der Stromfluss senkrecht zur Blechebene und die Bleche wiesen eine im Rahmen dieser Arbeit vergleichsweise große Blechstärke von bis zu 3 mm auf. Ergänzend dazu werden im vorliegenden Kapitel dünne Blechfolien für metallische BPP mit einer Blechstärke von 0,1 mm bearbeitet und in Längsrichtung von elektrischem Strom durchflossen.

In der Umformung erfahren BPP eine hohe lokale Dehnung durch die Ausformung der Strömungskanäle für die Reaktionsmedien Wasserstoff und Sauerstoff. Das Formänderungsvermögen der Werkstoffe begrenzt dabei die rissfrei formbare Kanaltiefe. Die Eigenschaft der konduktiven Erwärmung zur Erweiterung des Formänderungsvermögens wird genutzt, um die Herstellung größerer Kanaltiefen zu ermöglichen [vgl. MUEL22]. Für die Analyse der Eignung der Technologie ist das Kapitel daher wie folgt strukturiert: Zunächst werden aktuelle Herausforderungen in der BPP-Produktion als Basis für die vorliegende Forschungs- und Entwicklungsarbeit dargestellt und der Einfluss thermischer Bearbeitung auf den BPP-Werkstoff Edelstahl beschrieben. Nach der Darlegung der Methodik zur Widerstandserwärmung wird auf die Bauteile und Systemtechnik eingegangen, bevor die Ergebnisse der Untersuchung vorgestellt werden. Das Kapitel endet mit der Diskussion der Ergebnisse sowie der Übertragung der Erwärmungstechnologien auf BPP aus der Titanlegierung Grade 1.

7.1 Aktuelle Herausforderungen in der Bipolarplattenproduktion

Current challenges in bipolar plate manufacturing

Aus der in Kapitel 2.5 beschriebenen Funktion der BPP in einer PEM-Brennstoffzelle lassen sich die technischen Anforderungen an diese Komponente aus Bild 7.1 und damit die übergeordneten Zielstellungen in der Entwicklung von BPP ableiten.

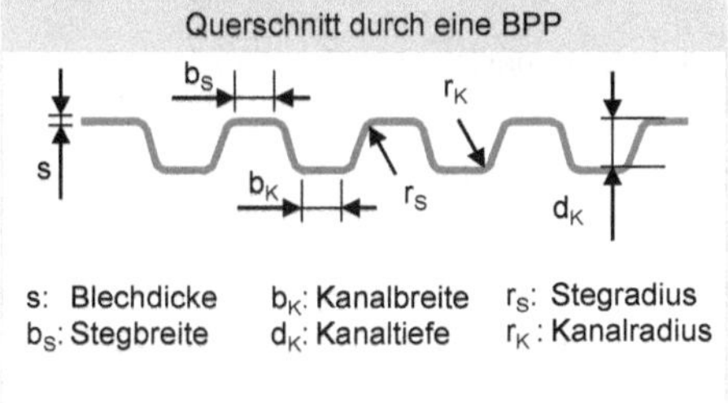

Technische Anforderungen an BPP

- Homogene Medienverteilung über die aktive Fläche
- Geringer Druckverlust entlang der Kanäle
- Einheitliches Fließverhalten der Medien über den Kanalquerschnitt
- Hohe elektrische Leitfähigkeit im Kontakt zur GDL durch breite Stege
- Vorbeugung von Wasserkondensation
- Effiziente Wasserabfuhr

[KARR17, S. 26; SAUE20, S. 1]

Bild 7.1: Geometrische Spezifikationen und technische Anforderungen an metallische BPP

Geometrical specifications and technical requirements for metallic BPP

Um den hohen Anforderungen hinsichtlich der Korrosionsbeständigkeit und elektrischen Leitfähigkeit zu genügen, werden unterschiedliche Werkstoffe für BPP eingesetzt. Neben Edelstahl und Titan wird auf Platten aus Graphit oder Kunststoff mit graphitischen Additiven zurückgegriffen. Im automobilen Bereich werden hauptsächlich metallische Platten eingesetzt. Als Vorteile sind die grundsätzliche Eignung der damit einhergehenden Herstellungsverfahren für die Produktion höherer Stückzahlen sowie die hohe elektrische Leitfähigkeit des Werkstoffs und die Möglichkeit, korrosionsbeständige Eigenschaften und einen geringen Kontaktwiderstand über Beschichtungen einstellen zu können, zu nennen. [SONG20, S. 1-5]

Es gibt zahlreiche wissenschaftliche Veröffentlichungen über den optimalen geometrischen Verlauf der Kanäle im elektrochemisch aktiven Bereich der Zelle. Ein detaillierter Überblick kann der Literatur entnommen werden, z. B. [DIEP18; ERNI10; KAHR17]. Im Folgenden ist der Querschnitt der Kanäle Gegenstand der Betrachtungen, da Geometrieparameter wie die Kanaltiefe, Kanalbreite, Stegbreite und deren Verhältnisse einen starken Einfluss auf die Zellleistung haben [SAUE20, S. 3], insbesondere bei geringen elektrischen Betriebsspannungen von unter 0,7 V [KAHR17, S. 29; SONG20, S. 12]. Grundsätzlich lässt sich mit rechteckigen oder quadratischen Kanalquerschnitten eine höhere Zellleistung erreichen als beispielsweise mit dreieckigen oder sphärischen Geometrien [KARR17, S. 30; MARA21, S. 25]. Wie in Bild 7.2 gezeigt ist, reduziert eine größere Kanaltiefe den Druckverlust der Gasströmung entlang des Kanals, der im Betrieb der Brennstoffzelle so gering wie möglich gehalten werden soll [KAHR17, S. 363-377].

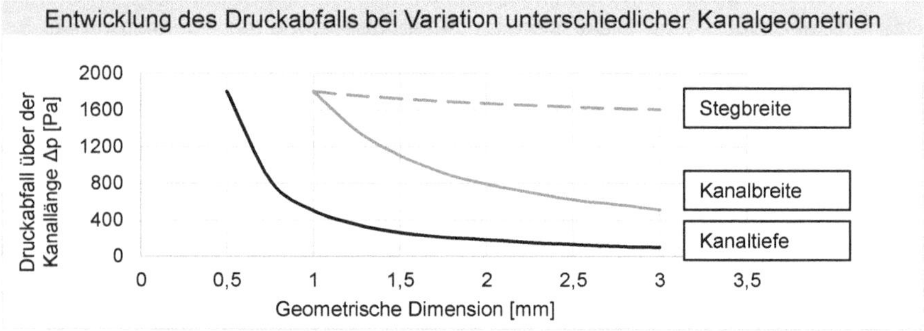

Bild 7.2: Einfluss der Stegbreite, Kanalbreite und Kanaltiefe auf den Druckabfall (nach [KAHR17])

Influence of land width, channel width and channel depth to pressure drop

Die Grenzen der eingesetzten Kanalgeometrien werden aktuell durch die Umformbarkeit im Herstellungsprozess und das Formänderungsvermögen des Werkstoffs festgelegt. Zur optimalen Ausbildung der Kanalstrukturen werden in der Entwicklung dieser Umformprozesse unterschiedliche Strategien verfolgt, um die Formbarkeit des Werkstoffs zu erhöhen und Umformdefekte zu reduzieren [NETO19, S. 2]. Gleichzeitig steigen die Anforderungen an die Dehnung der BPP-Werkstoffe. Zur Herstellung optimierter Kanaldesigns fordert beispielsweise das Fuel Cell Technical Team, in dem unter anderem das Department of Energy der USA (DoE), General Motors und die Ford Motor Company mitwirken, 40 % Umformgrad für BPP in Transportanwendungen bis 2025 [KLEE17, S. 10].

Im Folgenden wird daher der Ansatz erläutert, die thermische Bearbeitung in den Umformprozess von BPP zu integrieren, um die Werkstoffdehnung und Kanaltiefe durch den Wärmeeinfluss zu erweitern.

7.2 Effekte der thermischen Behandlung von Bipolarplattenwerkstoffen

Effects of thermal processing of bipolar plates' materials

In Kapitel 2.4 werden die Auswirkungen thermischer Bearbeitung auf die Reduktion der Festigkeit und die gleichzeitige Erhöhung der Dehnung von hochfesten Stählen beschrieben. Diese Veränderung der Materialeigenschaften durch die Warmumformung lässt sich auch bei Edelstahl für BPP-Halbzeuge nutzen. Für den Edelstahl 1.4404 zeigt Bild 7.3 die Entwicklung der Streckgrenze und der Bruchdehnung für unterschiedliche Werkstofftemperaturen. Der Verlauf der Streckgrenze ist monoton fallend im Temperaturbereich zwischen 200 und 700°C.

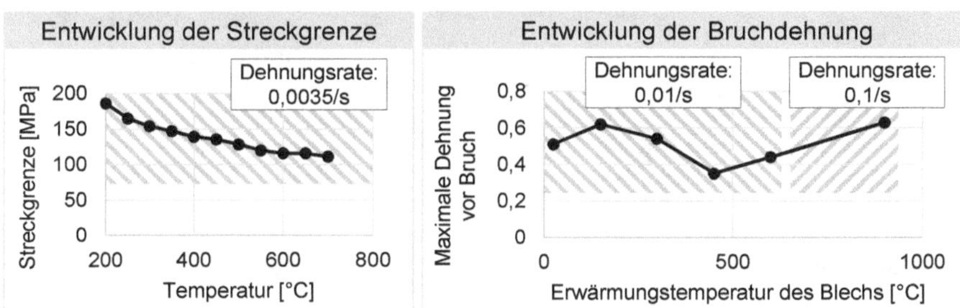

Bild 7.3: Effekte erhöhter Bauteiltemperatur für den Edelstahl 1.4404. Links: Reduktion der Streckgrenze (nach [MONT17]). Rechts: Veränderung der Bruchdehnung (nach [DHAR20; HUSS14])

Effects of increasing part temperature for stainless steel 1.4404. Left: Reduction of yield strength. Right: Development of elongation at break

Zur Ermittlung der maximalen Dehnung wurden Zugversuche an erwärmten Proben durchgeführt, z. B. von HUSSAINI et al. sowie DHARAVATH et al. Die Dehnung kann durch den Wärmeeinfluss erhöht werden, allerdings nur in den Temperaturfenstern bis ca. 350°C sowie ab 700°C. [DHAR20; HUSS14]

LUU et al. haben in einem zweistufigen Zugversuch den Einfluss eines zwischengeschalteten Spannungsarmglühens mittels elektrischer Widerstandserwärmung untersucht. Zielstellung war die Verbesserung der Formbarkeit des Edelstahls 1.4404. Während einer ersten Zugbelastung wurden die Prüflinge mit einer Vordehnung von 60 % belastet und im Anschluss mit verschiedenen Stromstärken und Erwärmungsdauern geglüht. In einer darauffolgenden, zweiten Zugbelastung wurden Bruchdehnung und

Streckgrenze ermittelt. Die Auswertungen zeigen, dass die Kaltverfestigung nach der Vordehnung durch elektrische Widerstandserwärmung mit 105 A/mm² für 0,75 s fast vollständig abgebaut werden. Infolgedessen wurden eine reduzierte Streckgrenze und eine höhere Bruchdehnung nachgewiesen. [LUU18]

Aus der Literatur geht damit hervor, dass die elektrische Widerstandserwärmung grundsätzlich als Erwärmungstechnologie für ein Spannungsarmglühen mit kurzen Glühzeiten in einem mehrstufigen Umformprozess geeignet ist. Aufbauend auf diesen wissenschaftlichen Erkenntnissen wird im Folgenden die Erweiterung der maximal möglichen Kanaltiefe metallischer BPP durch eine elektrische Widerstanderwärmung analysiert.

7.3 Methodik der Prozessentwicklung

Methodology for the process development

Zur Erhöhung der herstellbaren Umformgrade werden zwei unterschiedliche Ansätze verfolgt. In einer ersten Prozessroute wird das einstufige Warmumformen umgesetzt. Die zweite Prozessroute bildet einen zweistufigen Umformprozess mit zwischengelagertem Spannungsarmglühen ab, wie in Bild 7.4 dargestellt.

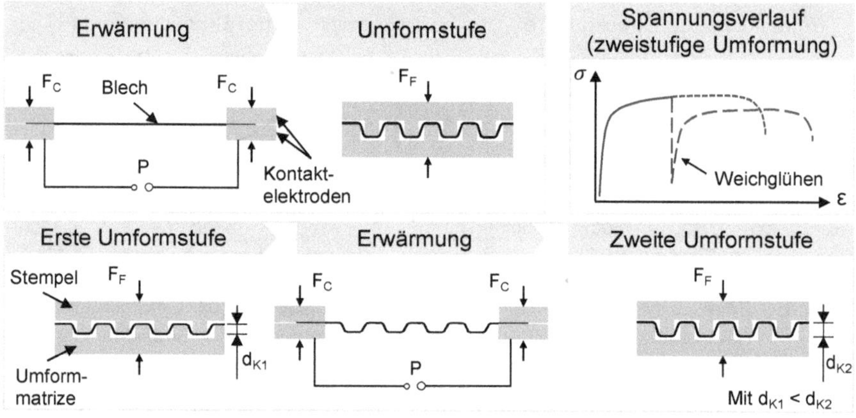

Bild 7.4: Darstellung unterschiedlicher Prozessrouten für die thermische Bearbeitung. Oben: Einstufiges Warmumformen. Unten: Zweistufige Umformung mit Zwischenglühen

Presentation of different process routes for thermal processing: Top: Single-stage hot forming. Bottom: Two-stage forming with annealing step

In der Entwicklung beider Prozessrouten wird die durch das Walzen erzeugte Anisotropie der Umformbarkeit berücksichtigt. PARK et al. haben eine erweiterte rissfreie Umformbarkeit für BPP-Kanäle nachgewiesen, wenn die Kanallängsrichtung parallel anstatt quer zur Walzrichtung orientiert ist [PARK16, S. 1680]. Demnach wird in dieser Arbeit die gleiche Ausrichtung vorgenommen. Zusätzlich wird ein Bornitrid-basiertes hochtemperaturfestes Schmiermittel für gleichmäßige Haftbedingungen und die Vorbeugung adhäsiver Anhaftungen eingesetzt. Die Umformgeschwindigkeit liegt bei 0,9 mm/s. Die Eintauchtiefe des Werkzeugs wird derart variiert, dass eine Kanaltiefe zwischen 0,2 und 0,6 mm bei einer Schrittweite von 0,05 mm eingestellt werden kann. Für die Prozessentwicklung werden die Bleche auf unterschiedliche Temperaturen erwärmt. Über die Variation von Erwärmungsleistung und Erwärmungszeit können gezielt unterschiedliche Temperaturen eingestellt werden. Der Zusammenhang aus elektrischen Parametern und der Blechtemperatur wird in ex-situ Analysen untersucht, da die Zugänglichkeit des Bleches unmittelbar vor sowie während des Umformvorgangs stark eingeschränkt ist. Als Messtechnik kommt sowohl eine Thermokamera als auch berührende Thermoelemente zum Einsatz. Eine zusätzliche Validierung der Temperatur erfolgt über ein Pyrometer.

7.3.1 Einstufiges Warmumformen

Single-stage hot forming

Für das einstufige Warmumformen wird ein ebenes Blech, das im geöffneten Werkzeug zwischen den Elektroden geklemmt wird (vgl. Bild 7.6), mit definierten elektrischen Parametern erwärmt. Der Erwärmungszeitraum endet, während die Presse schließt und der Stempel in Kontakt mit dem Blech kommt. Im unmittelbar anschließenden Umformprozess wird das Blech in einem tiefenden Verfahren bis zur definierten Zielkanaltiefe umgeformt. Es folgt die Analyse zur Identifikation von Rissen. Im Fall der Fehlerfreiheit des Bauteils wird der Vorgang mit einem neuen Blech und einer erhöhten Zielkanaltiefe wiederholt. Nach dem Auftreten erster Risse wird die größte tatsächlich erreichte, rissfreie Kanaltiefe vermessen.

Beim einstufigen Erwärmen wird mit einer konstanten Zeitdauer von 10 s erwärmt, um eine homogene Temperaturverteilung im Blech zu gewährleisten. Die Erwärmung erfolgt mit unterschiedlichen elektrischen Leistungen, um die Zieltemperaturen von 150, 300, 600 und 900°C einzustellen. Mit diesem Temperaturfenster wird die Rekristallisationstemperatur von 1.4404 von 630°C überschritten [BAUE16, S. 92], um den Einfluss einer möglichen Rekristallisation auf die Kanaltiefe untersuchen zu können.

7.3.2 Zweistufige Umformung mit Zwischenglühen

Two-stage forming with intermediate annealing

Die zweistufige Umformung wird für verschiedene Vorformtiefen umgesetzt, die bei RT geformt werden. Danach erfolgt die Wärmebehandlung außerhalb des Werkzeugs. Im zweiten Umformschritt wird auf eine vorgegebene Endtiefe umgeformt. Falls keine Risse identifiziert werden, wird der Prozess für eine größere Endtiefe wiederholt, bis es zum Materialversagen kommt. Nach diesem Vorgehen werden vier Vorformtiefen von 0,12 mm, 0,18 mm, 0,25 mm und 0,37 mm untersucht.

Die Temperatur der Wärmebehandlung soll über der Rekristallisationstemperatur liegen, um die Gitterfehler in Form von Versetzungen nach der ersten Umformstufe abbauen zu können. In der Arbeit von Luu et al. zum Machbarkeitsnachweis des Spannungsabbaus durch elektrische Widerstandserwärmung im zweistufigen Zugversuch wurden Temperaturen zwischen 800 und 1050 °C eingestellt [LUU18, S. 4]. Darauf aufbauend wird das Zwischenglühen in der vorliegenden Arbeit bei 800°C mit einer Erwärmungszeit von 8 s durchgeführt.

Messtechnisch erfolgt die Identifikation von Rissen im Durchlichtverfahren. Die Kanaltiefen werden mit einem Lichtmikroskop nach vorherigem Laserschneiden und Schleifen der Proben durchgeführt.

7.4 Experimentelle Untersuchungen

Experimental analysis

Zur Optimierung des Umformergebnisses an metallischen BPP werden im Folgenden zunächst die bearbeiteten Bauteile sowie die eingesetzte Systemtechnik beschrieben. Die Darstellung der Umformergebnisse bildet die Grundlage der nachfolgenden Ergebnisdiskussion.

7.4.1 Eigenschaften der Versuchsbauteile

Design of test components

Beim untersuchten Werkstoff für die BPP handelt es sich um den Edelstahl 1.4404 (X2CrNiMo17-12-2), welcher im weichgeglühten Zustand mit einer Rauheit Ra von maximal 0,3 µm verwendet wird. Neben niedrigen Beschaffungskosten zeichnet er sich durch eine gute Formbarkeit aufgrund des austenitischen Grundgefüges sowie eine gute Verfügbarkeit am Markt aus. [BOHA21, 10f.]

Tabelle 7.1: Chemische Zusammensetzung des eingesetzten Edelstahls 1.4404 (X2CrNiMo17-12-2) in % [SCHW14; SCHW20]

Chemical composition of utilized stainless steel 1.4404 (X2CrNiMo17-12-2) in %

	C	Si	Mn	P
Wert der Charge	0,018	0,5	1,85	0,035
Sollwert	Max. 0,03	Max. 1,0	Max. 2,0	Max. 0,045

	S	Cr	Ni	Mo	N
Wert der Charge	0,002	16,58	10,0	2,04	0,033
Sollwert	Max. 0,03	16,50 – 18,50	10,0 – 13,0	2,0 – 2,5	Max. 0,11

Tabelle 7.2: Physikalische Eigenschaften des eingesetzten Edelstahls [HOFM23; SCHW14; SCHW20]

Physical properties of the utilized stainless steel

	Edelstahl 1.4404
Dichte	8 g/cm^3
E-Modul	200.000 N/mm^2 (bei 20°C)

Festigkeit	631 N/mm²
Streckgrenze	280 N/mm²
Bruchdehnung	56 %
Wärmekapazität	500 J/(kg*K)
Wärmeleitfähigkeit	15 W/(m*K)
Spezifischer Widerstand	0,75 Ω*mm²/m
Rekristallisationstemperatur	630°C

Die Versuchsreihen werden mit Platten der Blechstärke 0,1 mm durchgeführt. Die Außenmaße der Halbzeuge betragen ca. 100 mm x 140 mm.

7.4.2 Aufbau der Systemtechnik

Setup of the system technology

Die Platten werden mit einer hydraulischen Presse des Typs Lauffer VA850, die eine Presskraft von max. 8.500 kN aufweist, in einem einstufig ausgeführten Werkzeug umgeformt. Die Presse verfügt über eine druckgesteuerte Kraftregelung und lässt sich im Schließ- sowie Pressgang betreiben. Die Schließgeschwindigkeit liegt zwischen 1 und 20 mm/s, während sich im Pressgang eine Hubgeschwindigkeit von 0,9 mm/s einstellen lässt.

Das Design des Werkzeugs im Bereich der Kanalgeometrien wird beeinflusst durch die Parameter Stegbreite b_S, Kanalbreite b_K, die Radien am Steg und Kanal r_S bzw. r_K sowie die Kanaltiefe d_K. Wie in Bild 7.5 gezeigt, vervollständigen die Breiten für die Nuten gegenüber den Stegen und Kanälen, $b_{S'}$ und $b_{K'}$, die Geometrieparameter des Kanalquerschnitts. Werkzeugstempel und -matrize weisen vier unterschiedliche Kanalgeometrien auf, sodass pro Blech mehrere Kanalquerschnitte geformt werden.

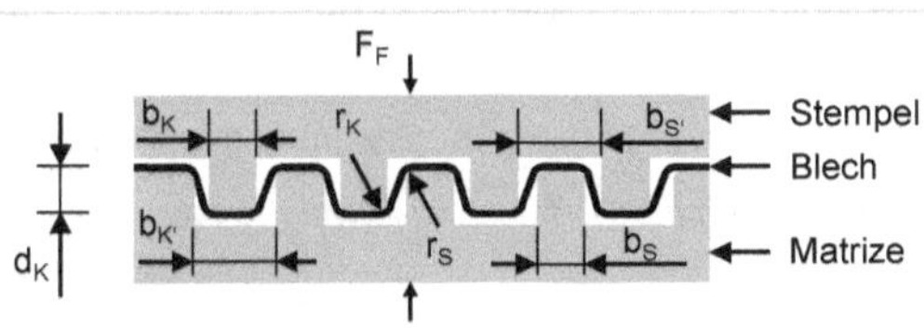

Werkzeugeigenschaften
- Einheitliche Umformkraft
- Umformung mit Niederhalter außerhalb der aktiven Fläche der BPP
- Auslegung auf einheitliche Blechdicke von 0,1 mm

Werkzeug-Geometrie	Stegbreite b_S [mm]	Nutbreite für Steg $b_{S'}$ [mm]	Kanalbreite b_K [mm]	Nutbreite für Kanal $b_{K'}$ [mm]	r_S [mm]	r_K [mm]
#1	0,6	1,3	0,8	1,2	0,15	0,15
#2	0,7	1,0	0,7	1,0	0,1	0,1
#3	0,5	0,8	0,5	0,8	0,1	0,1
#4	0,54	0,78	0,52	0,76	0,05	0,05

Bild 7.5: Auslegung und Designparameter des Umformwerkzeugs für BPP

Structure and design parameters of the forming tool for BPP

Die Nuten für Stege und Kanäle sind so ausgelegt, dass es sich um ein sogenanntes offenes Werkzeug handelt, in dem der Kanalgrund des Bauteils nicht die Matrize und die Stege nicht den Stempel kontaktieren. Dieses Werkzeugdesign ermöglicht eine variable Eintauchtiefe des Stempels in die Matrize und damit eine Flexibilität hinsichtlich der Umformtiefe, um beispielsweise Rückfederung zu kompensieren. Der Niederhalter klemmt das Blech im Randbereich auf der Matrize, sodass ein definiertes Nachfließen des Werkstoffs ermöglicht wird bei gleichzeitiger Vermeidung von Faltenbildung.

Bei der Systemtechnik für die Erwärmung werden hinsichtlich der Steuerungstechnik und des Transformators die identischen Komponenten wie bei den Versuchsreihen zum Umformen und Scherschneiden hochfester Stähle, vgl. Kapitel 5.2.2, eingesetzt. Dabei kommen adaptierte Elektroden zum Einsatz, um die dünnen Stahlbleche über eine größere Fläche seitlich für die Stromeinleitung kontaktieren zu können. Die Stromführung erfolgt in diesem Anwendungsfall in Längsrichtung des Blechs, um den gesamten umzuformenden Bereich homogen erwärmen zu können.

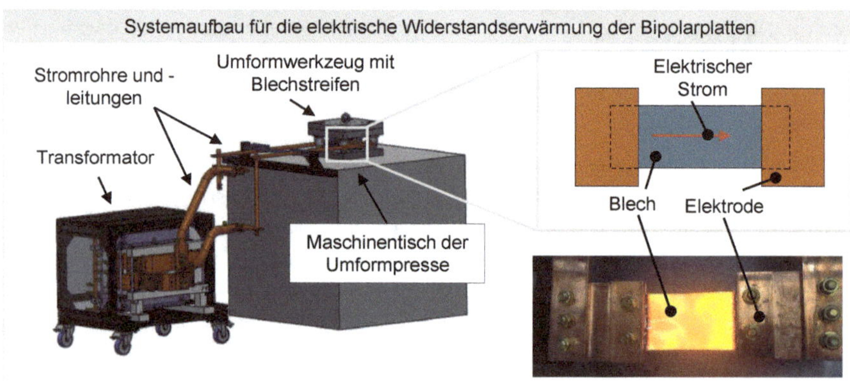

Bild 7.6: Systemaufbau für die einstufige Warmumformung mit Erwärmung im Werkzeug

System setup for single-stage hot forming with heating inside the tool

7.5 Umformergebnisse

Forming results

Im Folgenden werden die erzielten Umformergebnisse dargestellt. Dabei wird zunächst auf die Resultate beim einstufigen Warmumformen eingegangen. Danach folgen die Ergebnisse zur zweistufigen Umformung und eine Analyse der bearbeiteten Bauteile.

7.5.1 Einstufiges Warmumformen

Single-stage hot forming

In Bild 7.7 sind die Ergebnisse für das einstufige Warmumformen von 1.4404 für die vier Kanalgeometrien aus Bild 7.5 bei unterschiedlichen Temperaturen gezeigt. Dargestellt wird die maximal ziehbare Kanaltiefe, die vollständig rissfrei hergestellt werden konnte. Die Ergebnisse bei 25°C stellen die Referenzversuche bei RT dar.

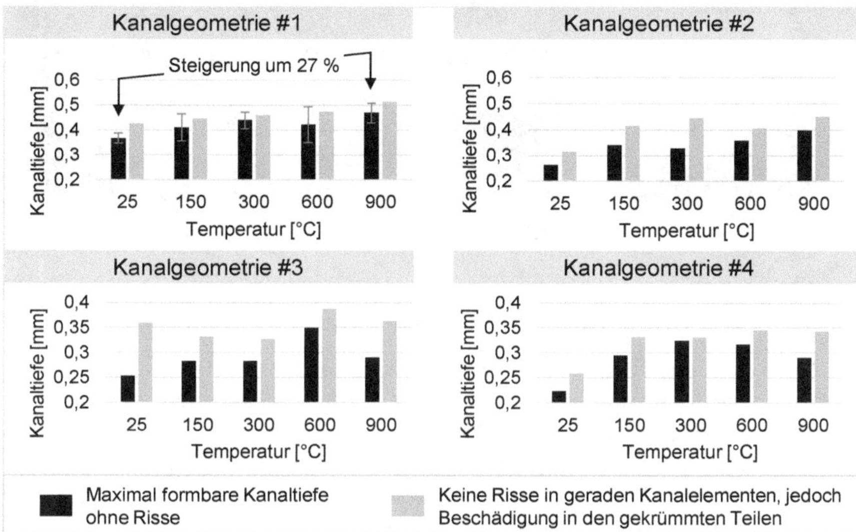

Bild 7.7: Größte formbare Kanaltiefen ohne Rissbildung im einstufigen Warmumformen

Largest formable channel depths without cracks in single-stage hot forming

Grundsätzlich ist zu erkennen, dass durch die Umformung nach vorheriger Erwärmung eine höhere Kanaltiefe geformt werden kann. Die größte absolute Tiefe von ca. 0,47 mm wird mit Geometrie #1 nach der Erwärmung auf 900°C erreicht. Dies entspricht einer Zunahme von 27 % gegenüber der größtmöglichen rissfreien Kanaltiefe bei RT von 0,37 mm. Die Fehlerindikatoren bei Geometrie #1 geben das 95 %-Konfidenzintervall an. Dazu werden mindestens 4 Versuche pro Kanaltiefe durchgeführt. Die größte relative Veränderung der Tiefe gegenüber RT wird bei Geometrie #2 bei 900°C erreicht. Die bei RT geformte Kanaltiefe von 0,26 mm kann um 53,8 % auf 0,4 mm vergrößert werden.

Bei allen vier Geometrien treten die ersten Risse im Bereich der gekrümmten Kanalelemente auf (vgl. Bild 7.8) und erstrecken sich nach Vergrößerung der Umformtiefe auf die geraden Bereiche der Kanäle. Mit zunehmender Temperatur steigen die Tiefen, ab denen Risse in den gekrümmten Bereichen auftreten, an. Die größte Tiefe ohne Risse in den gerade Kanalelementen lässt sich mit 0,52 mm bei Geometrie #1 formen, bei der sowohl die größten Radien als auch die größten Kanalbreiten und Nutbreiten vorliegen.

Bild 7.8 zeigt die Rissidentifikation an geformten Proben mittels Durchlichtverfahren. Die Bereiche initialer Rissbildung sind an den gekrümmten Kanalelementen zu sehen. Mit zunehmendem Umformgrad erstrecken sich die Risse auch auf die geraden Kanalelemente.

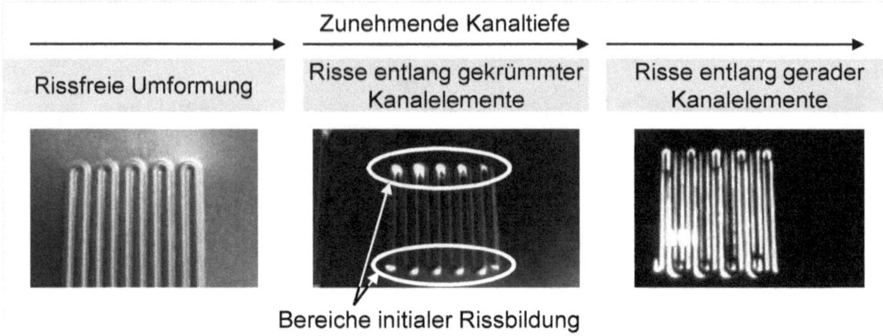

Bild 7.8: Auftretende Rissbildung mit zunehmender Kanaltiefe

Occurring cracks with increasing channel depth

Durch das Ausformen der Kanäle wird der Werkstoff gedehnt. In Bild 7.9 ist ein Kanalquerschnitt mit der Auswertung der zugehörigen Dehnung ε_1 über den gesamten Kanalbereich abgebildet. Dazu werden die Dehnungen für jede Geometrie bei den Temperaturen 25°C, 150°C, 300°C, 600°C und 900°C bei der jeweils maximal ziehbaren Kanaltiefe ermittelt. Über die Summe der jeweiligen Längen von Kanalgrund, Kanalflanken und Stegen a bis e wird die Längenänderung bestimmt.

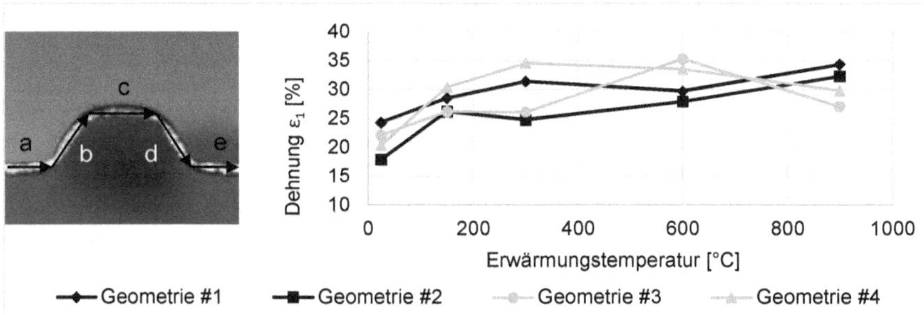

Bild 7.9: Auswertung der Dehnung ε_1 für erwärmte Proben bei unterschiedlichen Temperaturen

Analysis of elongation ε_1 for heated samples at different temperatures

Bereits bei RT sind unterschiedliche Dehnungen für die verschiedenen Geometrien zu erkennen. Die Kanalgeometrie #1 weist die größten Radien auf und verzeichnet die größte Dehnung bei RT. Mit steigender Temperatur ist die Tendenz einer größer werdenden Dehnung zu erkennen. Für Geometrie #1 und #2 ergibt sich die größte Dehnung bei 900°C, für Geometrie #3 bei 600°C, und für #4 bei 300°C.

Neben der Dehnung über den gesamten Kanalbereich ist die lokale Dehnung von hohem Interesse. In Abhängigkeit vom Umformgrad ist an den Kanalquerschnitten der geraden Kanalelemente eine lokale Ausdünnung der Blechstärke zu sehen. Bereiche starker Ausdünnung sind gefährdet für eine Rissbildung bei weiterer Umformung. In Bild 7.10 sind Aufnahmen geformter Kanäle bei unterschiedlichen Temperaturen und Ziehtiefen zu sehen. Die Querschnitte der Kanäle von erwärmten Proben zeigen einen wellenartigen Verlauf, bei dem der Übergang zwischen Kanalgrund, Übergangsradien und Kanalflanken verschwimmt. Dieser Effekt ist für den Betrieb der Brennstoffzelle unerwünscht, da Abweichungen im Kanalquerschnitt den Wirkungsgrad reduzieren können. Mögliche Ursachen könnten in einer verstärkten Rückfederung der geformten Bereiche durch die thermische Behandlung liegen.

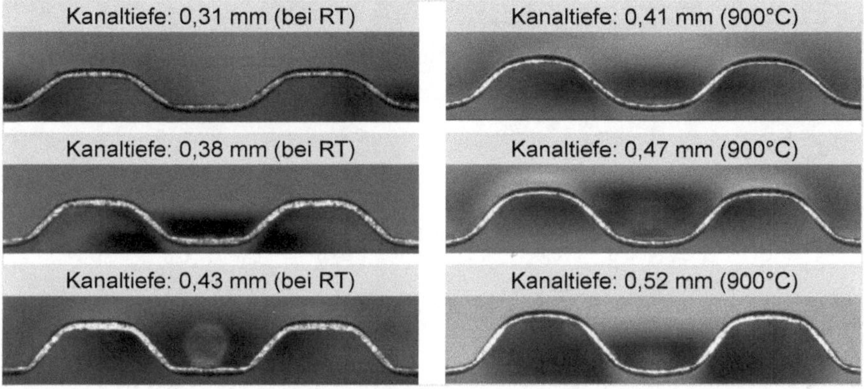

Bild 7.10: Kanalquerschnitte nach Umformung bei RT und 900°C mit unterschiedlichen Ziehtiefen

Cross sections of channels after forming at room temperature and at 900°C for different forming depths

Zur Untersuchung des Einflusses der Erwärmung auf die lokale Dehnung an einzelnen Positionen des Querschnitts wird die Dickenänderung ortsaufgelöst an 14 verschiedenen Messpunkten über die Länge eines Kanalquerschnitts ausgewertet. Die Bestimmung der Dehnung an den einzelnen Punkten erfolgt gemäß den Formeln 2.7 und 2.8. In Bild 7.11 ist für die vier Geometrien die Dehnung zweier Proben mit gleicher Kanaltiefe gezeigt, sowohl für die Umformung bei RT als auch bei 900°C.

Wie in Kapitel 2.5.2 beschrieben, ist die Berechnung der Dehnung über die ln-Funktion streng genommen nur für sehr geringe Längenänderungen zulässig. Die in Bild 7.11 gezeigten Ergebnisse sind demnach als Annäherung der tatsächlichen Dehnungen zu verstehen und geben qualitative Hinweise auf die Dehnungen an den verschiedenen Messpunkten [HU02, S. 6-15].

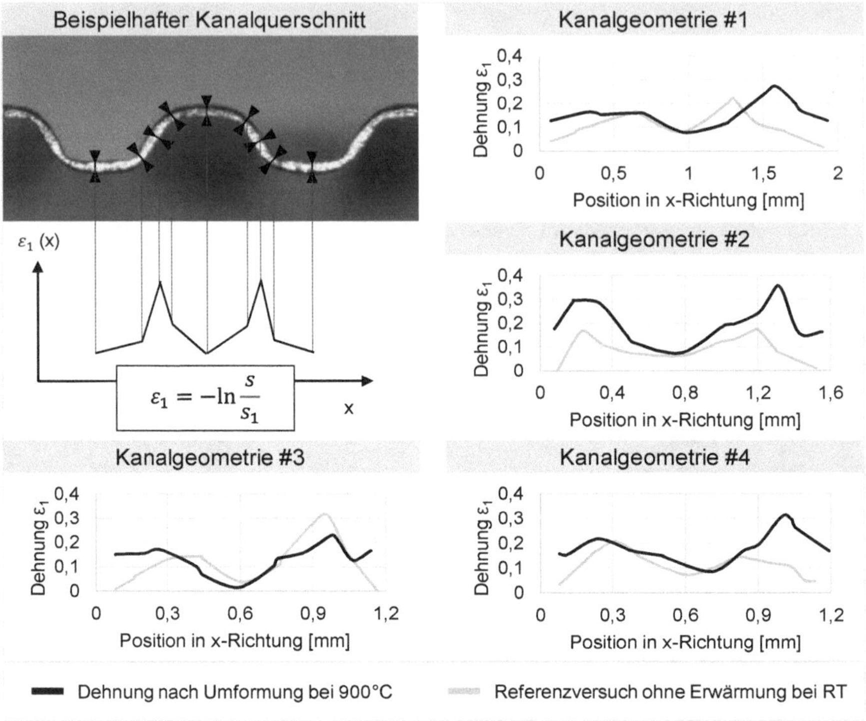

Bild 7.11: Ortsaufgelöste Dehnung ε_1 für die vier Versuchsgeometrien bei RT sowie nach Erwärmung auf 900°C

Locally resolved elongation ε_1 for the four experimental geometries at room temperature and after heating to 900°C

Bei allen Geometrien ist ein wiederkehrendes Muster zu erkennen. Während bei RT im mittleren Bereich des Kanalgrunds, also bei der minimalen und maximalen x-Position, sowie im mittleren Bereich der Stege keine bis eine geringe Dehnung und damit Ausdünnung stattfindet, werden diese Bereiche bei 900°C stärker ausgedünnt. Der Effekt trifft besonders auf die Bereiche des Kanalgrunds zu.

7.5.2 Zweistufige Umformung mit Zwischenglühen

Two-stage forming with intermediate annealing

Im Gegensatz zur Warmumformung finden bei der zweistufigen Umformung beide Umformschritte bei RT statt. Das Zwischenglühen erfolgt nach der ersten Umformung. In Bild 7.12 sind die größten Kanaltiefen, die für den Edelstahl 1.4404 vollständig ohne Risse gezogen werden konnten, dargestellt.

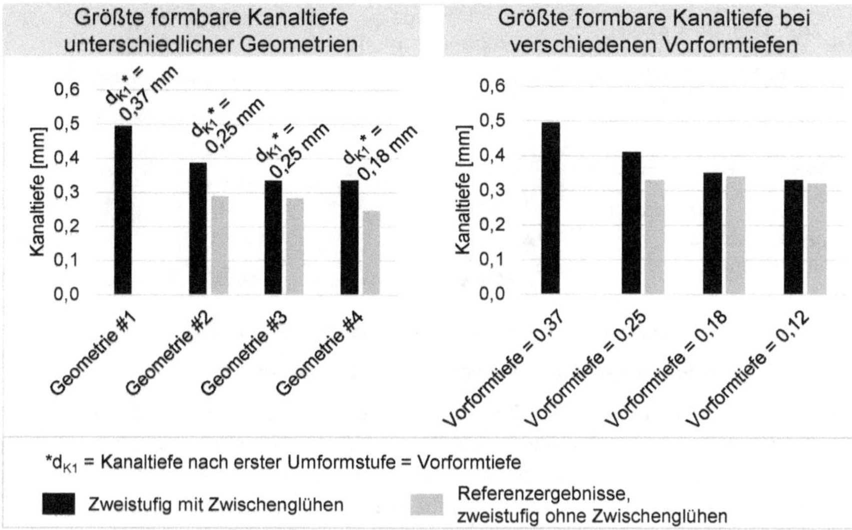

Bild 7.12: Geformte Kanaltiefen im zweistufigen Umformen mit Zwischenglühen

Formed channel depths in two-stage forming processes with intermediate annealing

Die Platten werden in der ersten Umformung auf die verschiedenen Vorformtiefen gezogen. Der linke Teil in Bild 7.12 zeigt die jeweils maximal erreichte rissfreie Kanaltiefe nach der zweiten Umformung. Die Angabe zur Kanaltiefe nach der ersten Umformstufe, d_{K1}, gibt die Vorformtiefe an, bei der die größte Endtiefe der Kanäle für die jeweilige Geometrie erreicht wird. Der rechte Teil des Bildes zeigt die erzielten Kanaltiefen von Geometrie #1 für jede der vorgezogenen Tiefen. Die in grau dargestellten Referenzergebnisse werden im zweistufigen Umformen ohne zwischengeschalteten Glühschritt erzielt. Für Geometrie #1 ist die Vorformtiefe von 0,37 mm nicht ohne Einrisse herstellbar, was auch aus Bild 7.7 ersichtlich ist.

Gemäß den Ergebnissen ermöglicht das Zwischenglühen größere Kanaltiefen für alle vier Geometrien. Die Auswertung der Ergebnisse für Geometrie #1 zeigt, dass durch eine größere Vorformtiefe eine größere Gesamttiefe gezogen werden kann.

7.5.3 Gefügeanalyse

Analysis of microstructure

Auf mikroskopischen Aufnahmen zum Werkstoff ist der Einfluss der konduktiven Erwärmung auf das Gefüge zu sehen. Das einstufige Umformen des Grundmaterials ohne Erwärmung (Bild 7.13 links) verändert die Struktur des Werkstoffs im Auslieferungszustand kaum, sodass das austenitische Grundgefüge überwiegt. In der Mittelebene des Blechs sind Seigerungszeilen zu erkennen, die während der Herstellung durch den Walzprozess entstehen.

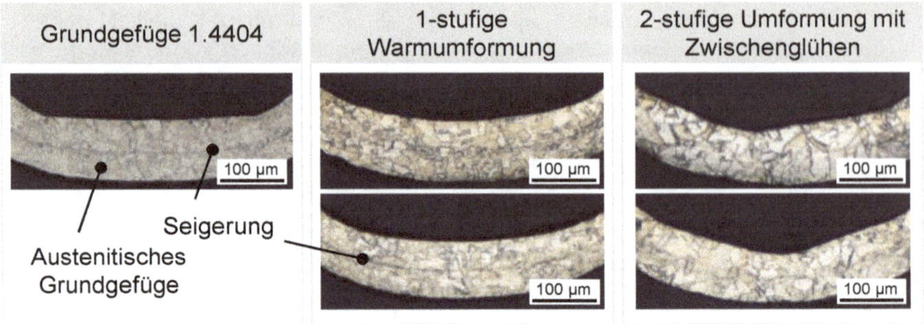

Bild 7.13: Gefügeanalysen an ungeformten Bipolarplatten (V2A Beize bei 70°C)

Microstructure analysis at formed plates (V2A stain at 70°C)

Die mittleren Aufnahmen in Bild 7.13 zeigen das Gefüge, nachdem das Blech auf 900°C erwärmt und anschließend einstufig umgeformt wird. Gegenüber dem Grundgefüge ist ein Kornwachstum zu sehen. Versetzungen haben in größeren Körnern die Möglichkeit, über längere Strecken zu wandern, bevor es an den Korngrenzen zur Aufstauung und einer höherer Versetzungsdichte kommt. Diese längeren Wege lassen eine größere Verformung des Bauteils zu. Nach der zweistufigen Umformung mit Zwischenglühen (Bild 7.13 rechts) haben sich wiederum größere Körner als bei der einstufigen Warmumformung gebildet.

7.6 Ergebnisdiskussion

Discussion of results

Gemäß der Analyse der Einrisse treten auch bei der konventionellen Umformung ohne Erwärmung die ersten Beschädigungen in den gekrümmten Bereichen der Kanäle auf. Dort liegt ein dreidimensionaler Spannungszustand vor, wohingegen an den geraden Kanälen ein zweidimensionaler Spannungszustand auftritt.

Aus der Betrachtung der Ergebnisse der Dehnung ε_1 über den gesamten Kanalquerschnitt (Bild 7.9) und an einzelnen Positionen (Bild 7.11) ist zu erkennen, dass die erreichbare Dehnung von mehreren Einflussfaktoren wie zum Beispiel geometrischen Charakteristika des Kanaldesigns und der Temperatur abhängt. Das reine Erreichen einer quantitativen Vorgabe der Werkstoffdehnung für die zukünftige Entwicklung der BPP-Produktion verliert demnach an Aussagekraft, solange es losgelöst von weiteren Randbedingungen wie beispielsweise Geometrieparametern des Kanalquerschnitts ist.

Bei der lokalen Dehnung an einzelnen Positionen (Bild 7.11) ist bei der Warmumformung eine stärkere Ausdünnung der Bereiche entlang des Kanalgrunds als bei RT festzustellen. Die erhöhte Temperatur ermöglicht demnach ein Nachfließen von Werkstoff aus diesen Bereichen, wodurch weiteres Material für die Formänderung bereitgestellt und eine größere Kanaltiefe rissfrei gezogen werden kann. Beide dargestellten Prozessrouten, das Warmumformen sowie Zwischenglühen ermöglichen die

Fertigung einer höheren Kanaltiefe und stellen eine Optimierung in der Herstellung von metallischen BPP dar.

Abschließend lässt sich die zweite Forschungsfrage aus dem dritten Kapitel mit den aufgezeigten Ergebnissen für die Edelstahlplatten dahingehend beantworten, dass die rissfrei formbare Kanaltiefe metallischer BPP durch die Widerstandserwärmung in Abhängigkeit von der Geometrie und der gewählten Erwärmungsstrategie um bis zu 53,8 % erhöht werden kann. Die Erweiterung des Umformgrades ist darin begründet, dass durch die Erwärmung und das erweiterte Fließvermögen Material aus Bauteilbereichen nachfließen kann, das bei konventioneller Umformung nicht in den Dehnungsprozess mit einbezogen ist. Zusätzlich lässt sich der Umformgrad durch das mit der Erwärmung verbundene Kornwachstum im Werkstoff erhöhen. Jedoch ist auch eine geringere Maßhaltigkeit durch den Warmumformprozess zu verzeichnen.

7.7 Technologietransfer zu Bipolarplatten aus Titan

Technology transfer to bipolar plates made of titanium

Aufgrund der Eignung von Titan als Werkstoff für metallische BPP in PEM-Brennstoffzellen wird die elektrische Widerstandserwärmung zur Vergrößerung der formbaren Kanaltiefe in einem Technologietransfer auf Halbzeuge aus Titan angewendet. Insbesondere Reintitan der Güte Grade 1 wird für BPP in mobilen Anwendungen eingesetzt. Dies ist in der geringen Dichte, der herausragenden Korrosionsbeständigkeit, der guten elektrischen Leitfähigkeit und mechanischen Stabilität durch die hohe Werkstofffestigkeit begründet. Die begrenzte Umformbarkeit und deutlich geringere Bruchdehnung im Vergleich zu Edelstahl erfordern die Weiterentwicklung von Umformprozessen und -technologien, um mehr Flexibilität in der Gestaltung des Kanalquerschnitts in Form von Kanaltiefe und Aspektverhältnis zu erhalten. [XU21]

Bei RT liegt Reintitan mit einer hexagonalen Gitterstruktur, der sogenannten α-Phase, vor. Bei 882°C findet eine Umwandlung in β-Titan mit einem krz-Gitter statt [RÜDI78, S. 214]. Die Anwendungen von Reintitan und α-Legierungen liegen in Bauteilen, an welche hohe Anforderungen an die Korrosionsbeständigkeit und Umformbarkeit gestellt werden [KULP03, S. 26-27]. In Tabelle 7.3 ist die chemische Zusammensetzung des in dieser Arbeit eingesetzten Titan Grade 1 aufgeführt.

Tabelle 7.3: Chemische Zusammensetzung des eingesetzten Titan Grade 1 in % [THYS22]

Chemical composition of utilized titanium grade 1 in %

	Fe	C	N	H	O
Wert der Charge	0,14	0,025	0,007	0,001	0,11
Sollwert	Max. 0,2	Max. 0,1	Max. 0,03	Max. 0,015	Max. 0,18

Tabelle 7.4: Physikalische Eigenschaften des eingesetzten Titans [THYS22]

Physical properties of the utilized titanium

	Titan Grade 1
Dichte	4,51 g/cm³
E-Modul	105.000 N/mm² (bei 20°C)
Festigkeit	330 N/mm²
Streckgrenze	227 N/mm²
Bruchdehnung	36 %
Wärmekapazität	520 J/(kg*K) (bei 20°C)
Wärmeleitfähigkeit	21 W/(m*K) (bei 20°C)
Spezifischer Widerstand	0,47 Ω*mm²/m (bei 20°C)

In der Anwendung für BPP kann durch Titan mit seiner hohen Festigkeit und geringen Dichte ein niedriges Gewicht und eine ausreichende mechanische Stabilität für den Stack erzielt werden. Gleichzeitig ermöglicht die geringe Blechstärke der Titan-Halbzeuge eine niedrige Zelldicke und einen geringen Einbauraum. Für die saure Umgebung in einer PEM-Brennstoffzelle weist der Werkstoff eine gute Korrosionsbeständigkeit auf, wird üblicherweise aber aufgrund der hohen zu garantierenden Lebensdauer zusätzlich beschichtet.

Umformung von Titan

Für die umformende Bearbeitung von Titan bei RT werden aufgrund der Festigkeit des Werkstoffs hohe Umformkräfte benötigt [KLOC06, S. 95]. Üblicherweise erfolgt die Umformung bei niedrigen Umformgeschwindigkeiten. Titan Grade 1 (Werkstoffnummer 3.7025) weist unter den Titanwerkstoffen die höchste Umformbarkeit auf und erreicht beim Tiefziehen ein Grenzziehverhältnis, das vergleichbar ist zu dem von ferritischen und austenitischen rostfreien Stählen. Bei Umformprozessen mit Stahlwerkzeugen neigt Titan zu starker Adhäsion, sodass das tribologische System zu beachten ist. [KULP03, S. 29-30]

Ein häufig angewendetes Verfahren für Titan ist die Bearbeitung bei erhöhten Temperaturen. Bereits im Temperaturbereich bis 200°C ist eine reduzierte Fließspannung festzustellen, wie in Bild 7.14 für Ti Grade 2 (3.7035) bei einer Blechdicke von 1,0 mm gezeigt ist [KULP03, S. 62]. Die empfohlene Umformtemperatur für Reintitan bei komplexen Geometrien liegt zwischen 200 und 400°C in Abhängigkeit von der Bauteilgeometrie und dem Querschnitt [RÜDI78, S. 214].

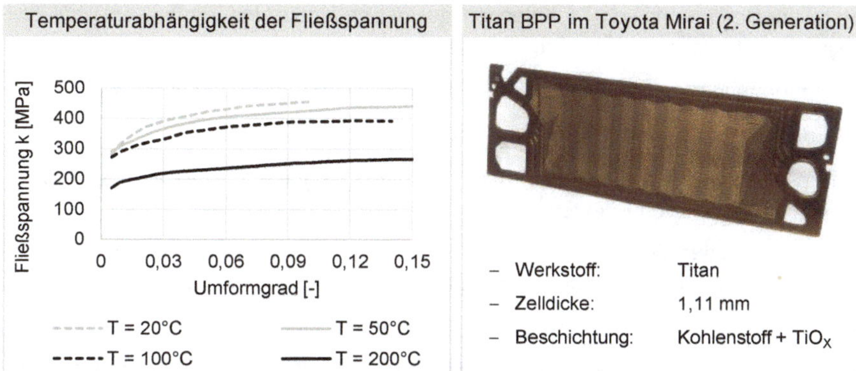

Bild 7.14: Links: Verschiebung der Fließkurve von Titan durch erhöhte Temperatur (nach [KULP03]). Rechts: Beispielhafte Titan BPP von Toyota Boshoku [TOYO21]

Left: Shift of flow curve of titanium due to higher temperature. Right: Exemplary titanium BPP from Toyota Boshoku

Im Gegensatz zur Umformung von Reintitan werden für Titanlegierungen höhere Umformtemperaturen zwischen 480 und 590°C empfohlen, um die erweiterte Umformbarkeit nutzbar zu machen [KLOC06, S. 374]. Für den Temperaturbereich ab 700°C ist auf die Bildung einer Zunderschicht mit Eindiffusion von Sauerstoff zu achten, die eine Werkstoffversprödung mit verminderter Zähigkeit bewirkt. In der Bearbeitung von Titan und Titanlegierungen wird auch das Zwischenglühen angewendet. Die Glühdauer liegt je nach Bauteilvolumen und -dicke bei ein bis vier Stunden. [RÜDI78, S. 214-215]

Umformung von Titan-BPP

Die Umformung von Titan-BPP erfolgt nach Stand der Technik und Forschung in zwei unterschiedlichen Ansätzen. XU et al. führten eine mehrstufige Kaltumformung in drei Stufen durch. Die Stufen zeichnen sich durch abnehmende Kanalradien und zunehmende Kanaltiefen aus, um größere Aspektverhältnisse im Kanalquerschnitt rissfrei formen zu können. Die Kanaltiefe konnte mit diesem Ansatz um über 40 % vergrößert werden. [XU21]

Darüber hinaus können Titan-BPP in der prototypischen Fertigung superplastisch umgeformt werden. Das Blech wird dazu gegen das Umformwerkzeug abgedichtet und dieser Aufbau im Ofen erwärmt. Die Erwärmungstemperatur liegt üblicherweise bei über 800°C. Danach erfolgt die Umformung durch die Druckbeaufschlagung mit einem inerten Gas, welches das Halbzeug gegen die Werkzeugform presst [LYON16, S. 616]. Die superplastische Umformung ist aufgrund des Laborcharakters der Fertigung nach aktuellem Stand nicht geeignet für industrielle Herstellungsprozesse. Sowohl durch die Erwärmung im Ofen als auch den Umformprozess entstehen lange Prozesszeiten. Zusätzlich erschweren die erhöhten Temperaturen die Maßhaltigkeit der Bauteile, z. B. durch die Ausdehnung des Werkzeugs. Aus dem dargestellten aktuellen

Stand zur Umformung von Titanblechen lassen sich für die Umformung von Titan-BPP folgende Anforderungen zusammenfassen:

- Umformung von Reintitan im Temperaturbereich zwischen 200 und 400°C
- Erwärmung auf max. 700°C, um Versprödung zu vermeiden
- Einstellen des tribologischen Zustands durch geeignete Schmierung zur Prävention von adhäsiven Effekten

In Analogie zu den Untersuchungen zur erweiterten Umformbarkeit von BPP aus Edelstahl werden im Folgenden die Versuchsreihen zu Titan-BPP dargestellt.

Versuchsreihen zur Umformung von Titan-BPP

In Versuchsreihen zum gekoppelten thermo-mechanischen Bearbeitungsprozess werden die oben genannten Randbedingungen durch geeignete Systemtechnik umgesetzt. Grundlage ist der Umform- und Erwärmungsprüfstand, der bei den Versuchen mit Edelstahl zur einstufigen Umformung eingesetzt wurde, vgl. Bild 7.16.

Von den beiden Prozessrouten, die bei der Edelstahlumformung validiert wurden, wird für Titan zunächst die Warmumformung umgesetzt. In ex-situ Versuchsreihen wird der Zusammenhang von elektrischen Prozessparametern und der Blechtemperatur für Titan bestimmt. Eine Matrix aus Erwärmungszeiten und elektrischer Leistung bildet die Grundlage der folgenden Tests. Die Messung der Temperatur erfolgt über ein Infrarot-Pyrometer des Typs optris CT LT22. Mit einem Messbereich von -50 bis 975°C wird der relevante Temperaturbereich abgedeckt. Zum Einstellen der entsprechenden Emissionsbedingungen für die Messung werden die Bleche mit temperaturbeständiger Farbe lackiert.

Gemäß der Temperaturverläufe in Bild 7.15 kann die Temperatur bis max. ca. 850°C erhöht werden. In Übereinstimmung mit Angaben aus der Literatur wird die Bildung einer Oxidschicht bei Temperaturen über 700°C beobachtet.

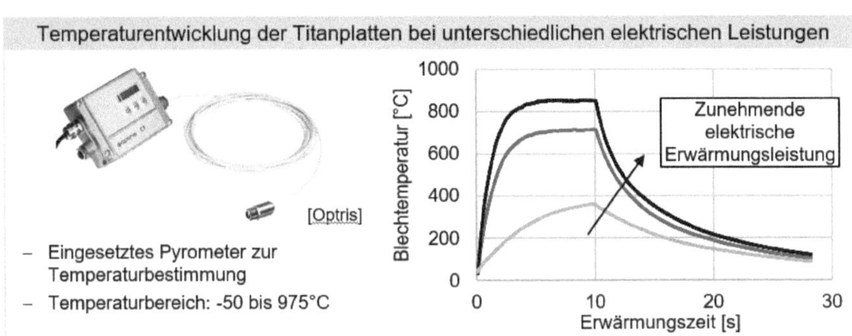

Bild 7.15: Temperaturentwicklung für die Widerstandserwärmung von Titanplatten

Temperature development for resistance heating of titanium plates

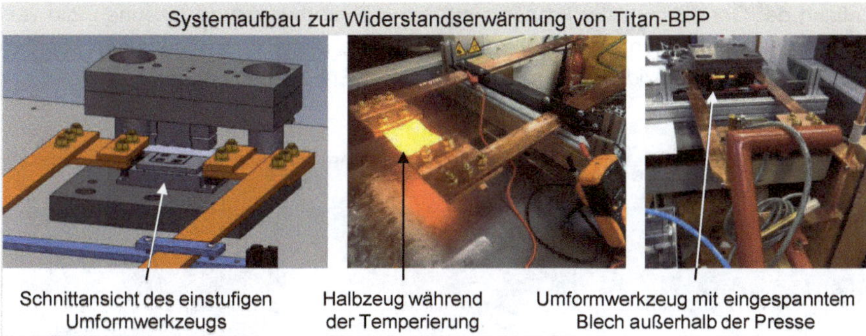

Bild 7.16: Systemaufbau für die Widerstandserwärmung von Titanplatten

System technology for resistance heating of titanium plates

Für die Analyse der Vergrößerung der Kanaltiefe bei Titan-BPP wird die Kanalgeometrie #1 aus Bild 7.5 zu Grunde gelegt. Mit der Kaltumformung, die als Referenz dient, lässt sich eine maximale Kanaltiefe von 0,32 mm erreichen, bevor Einrisse auftreten. Zur optimalen Schmierung der Kontaktstelle zwischen Blech und Werkzeug wird der hochtemperaturbeständige Schmierstoff HeBoCoat® SL-E 200 eingesetzt, um Reibkoeffizienten zu reduzieren und Adhäsionseffekte zu vermeiden. Bild 7.17 zeigt Querschnitte der bei RT geformten Titan-BPP.

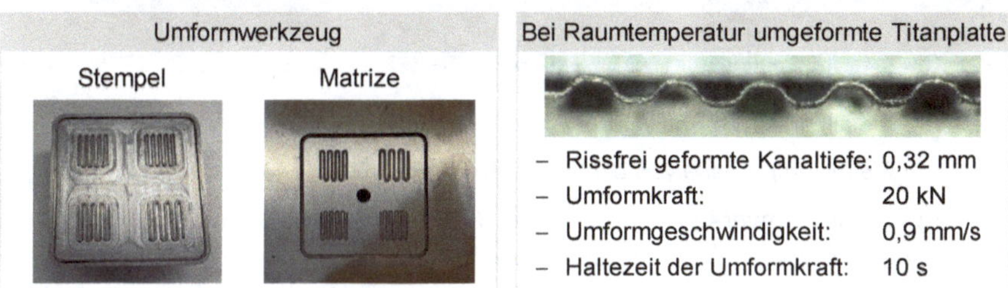

Bild 7.17: Querschnitte der geformten Titan-Bipolarplatten

Cross sections of formed titanium bipolar plates

Zur Analyse des Temperatureinflusses auf den Werkstoff werden einzelne Plattenstrukturen zunächst metallografisch untersucht, s. Bild 7.18. Für die Referenzumformung bei RT ist eine erhöhte Versetzungsdichte in den Bereichen der Umformung entlang der Radien zu erkennen. Mit zunehmendem Umformgrad steigt die Anzahl der Versetzungen durch die Dehnung an. In den Bereichen der Radien lässt sich zudem die Ausdünnung der Blechstärke durch die plastische Verformung erkennen.

In den Querschliffen der erwärmten und umgeformten Proben sind Veränderungen in den Kornstrukturen zu erkennen. Die Proben werden auf 700°C erwärmt, um den Einfluss der Erwärmung sichtbar zu machen. Einzelne Körner weisen auf ein Kornwachstum hin, sodass von Einflüssen einer Rekristallisation ausgegangen werden kann. Bei einer Erwärmung auf 200 bis 400°C sind keine Rekristallisationseffekte zu erwarten.

Entlang der Oberflächen der Proben sind kleine Einkerbungen zu erkennen, die vermehrt in den Bereichen großer Dehnung auftreten. Diese Beschädigungen könnten ihre Ursache in der Oxidation des Titans durch die Erwärmung haben.

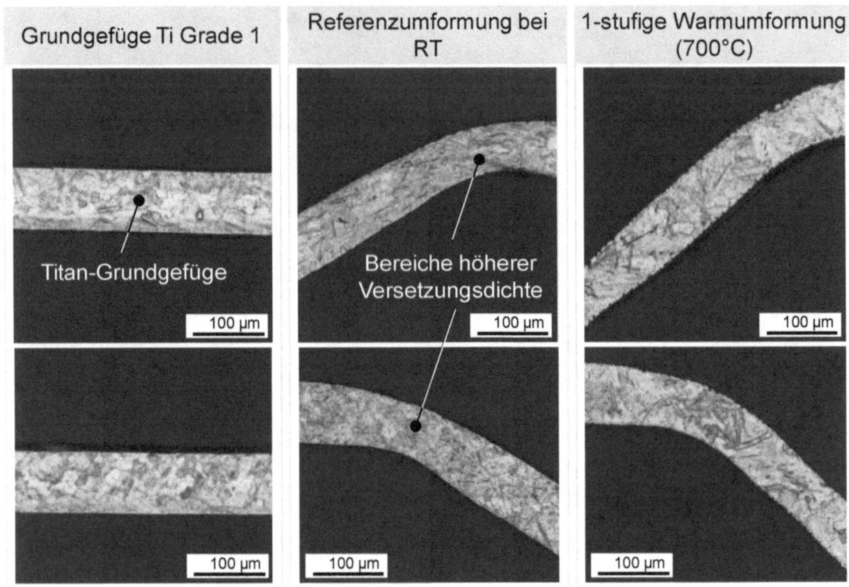

Bild 7.18: Metallografische Analyse von Titan-BPP

Metallographic analysis of titanium BPP

Für die Warmumformversuche werden die Bleche auf eine Zieltemperatur zwischen 200 und 400°C erwärmt. Die Widerstandserwärmung beginnt vor dem Umformprozess und endet nach der Umformung, damit ein Abkühlen durch den Werkzeugkontakt vor der eigentlichen Umformung minimiert wird.

Mit der beschriebenen Versuchsdurchführung lässt sich jedoch keine Vergrößerung der rissfreien Kanaltiefe erreichen. Die erzielte Kanaltiefe aus der Referenzumformung kann weder vergrößert noch reproduziert werden. Dies gilt für den Temperaturbereich zwischen 200 bis 700°C. Ein Grund für die reduzierte Umformbarkeit könnte darin liegen, dass der Kontakt zwischen Werkzeug und Blech trotz andauernder Widerstandserwärmung zu einer starken Abkühlung des Titans führt.

Zur Reduktion dieses möglichen Wärmeabflusses zum Werkzeug werden daher thermisch isolierende Folien zwischen Blech und Werkzeug platziert. In Referenzversuchen bei RT kann erneut eine maximale Ziehtiefe von 0,32 mm nachgewiesen werden. Jedoch lässt sich auch unter Umsetzung dieser Optimierungsmaßnahme keine größere Kanaltiefe der Titanplatten durch die Warmumformung einstellen.

Anhand der Ergebnisse ist davon auszugehen, dass die Titanbleche im Zeitraum der Umformung auch in diesem optimierten Aufbau nicht die Zieltemperatur aufweisen, sondern auf ein Temperaturniveau von unter 200°C abgekühlt werden. Zur Validierung dieser These kann eine werkzeugintegrierte Temperaturmessung während des Umformprozesses durchgeführt werden. In weiteren Untersuchungen bietet sich zudem die Temperierung beider Werkzeughälften auf T > 200°C an.

Um die in Bild 7.18 gezeigte Oxidation der Oberflächen zu vermeiden, kann die Erwärmung und Umformung unter Schutzgasatmosphäre durchgeführt werden. Eine Maßnahme im Rahmen einer weiteren Versuchsreihe wäre die vollständige oder partielle Einhausung des Bleches während der Erwärmungszeiten. Dazu ist jedoch der hohe Aufwand zu beachten, der mit der Integration einer Umhausung in einen Umformprozess im Folgeverbund- oder Transferwerkzeug zusammenhängt. Vor dem Hintergrund der notwendigen Kostenreduktion in der Herstellung von Brennstoffzellenstacks ist dieser Ansatz daher als fragwürdig einzustufen. Aus diesen Gründen wird im Rahmen dieser Arbeit von der experimentellen Umsetzung dieser Maßnahme abgesehen.

Neben der Warmumformung wurde für die BPP aus Edelstahl das zweistufige Umformen mit Zwischenglühen umgesetzt. In der Literatur werden für das Zwischenglühen von Titanbauteilen Glühdauern von mehreren Stunden angegeben. Auch für dünne Bleche wie die BPP ist für das Spannungsarmglühen des Werkstoffs nach einem ersten Umformschritt eine Zeitdauer von mehreren Minuten notwendig. Vor dem Hintergrund der Zielproduktionsrate von weniger als einer Sekunde pro BPP lässt sich für die Prozessroute des Zwischenglühens kein wettbewerbsfähiges und wirtschaftliches Anwendungsszenario erkennen. Aus diesem Grund wird die Prozessroute zum zweistufigen Umformen mit Zwischenglühen in dieser Arbeit nicht mit Titanwerkstoffen umgesetzt.

8 Zusammenfassung und Ausblick

Summary and Outlook

Die umformende Bearbeitung von hochfesten Stahlwerkstoffen und metallischen BPP wird durch die spezifischen Werkstoffeigenschaften begrenzt. Gleichzeitig werden hohe Dehnungen gefordert, um Anforderungen aus dem Produktdesign zu erfüllen. Laut Stand der Technik stellt die Erwärmung von Bauteilwerkstoffen eine Möglichkeit zur Erweiterung der Umformgrade dar. Die vorliegende Dissertation leistet einen Beitrag zur Entwicklung und Integration der elektrischen Widerstandserwärmung für die gekoppelte thermo-mechanische Bearbeitung in hohen Stückzahlen. Das Vorgehen und die Ergebnisse werden im Folgenden zusammengefasst. Zuletzt werden Ansätze für weitere Innovationspotenziale in diesem Themengebiet aufgezeigt.

8.1 Zusammenfassung

Summary

Durch die Erwärmung von Stahlwerkstoffen lässt sich deren Formänderungsvermögen erweitern und die Fließspannung reduzieren, wodurch die herstellbaren Umformgrade sowie die Qualität von Schnittflächen positiv beeinflusst werden. Die Erwärmung wird bisher mit Technologien umgesetzt, die lange Prozesszeiten benötigen und der Forderung der blechbearbeitenden Industrie, hohe Stückzahlen wirtschaftlich fertigen zu müssen, entgegenstehen.

Ziel dieser Dissertation ist daher die Entwicklung einer geeigneten Systemtechnik für elektrische Widerstandserwärmung, mit welcher die lokale Erwärmung von Blechbauteilen in einer kurzen Zeitdauer umgesetzt werden kann und die in einen industrienahen Fertigungsprozess integrierbar ist. Weiterhin wird der Prozess für die gekoppelte thermische und mechanische Bearbeitung entwickelt und optimiert. Dies erfolgt in einer analytischen Auslegung der Erwärmung, einer numerischen Simulation sowie einer experimentellen Untersuchung und Validierung. Als Demonstrationsanwendungen werden das mechanische Scherschneiden und Kragenziehen an hochfesten Stählen durchgeführt. Das Aspektverhältnis des Kragens wird derart gewählt, dass es in der konventionellen Bearbeitung ohne Erwärmung nicht rissfrei herstellbar ist. Weiterhin wird die elektrische Widerstandserwärmung auf die umformende Bearbeitung metallischer BPP angewendet zur Erweiterung der formbaren Kanaltiefe des Flowfields. Somit wird ein breites Anwendungsspektrum für diese Erwärmungstechnologie für unterschiedliche Werkstoffe, Blechdicken und Erwärmungsgeometrien abgedeckt.

Zur Vorauslegung der benötigten Prozessparameter wird in Kapitel 4 eine analytische Betrachtung der Erwärmung durchgeführt und der Prozess in einer numerischen Simulation untersucht. Die Kontaktstellen zwischen bei Bauteilen, über die der Strom geführt werden soll, beeinflussen die entstehende WEZ maßgeblich, sodass für die realitätsnahe Simulation spezifizierte Subroutines in ABAQUS entwickelt werden. Diese bilden zusätzlich die Abhängigkeit der thermischen und elektrischen Leitfähigkeit von der Temperatur und der Kontaktkraft ab. Die Ergebnisse zeigen, dass die Kontaktkraft zwischen Elektroden und Blechbauteil eine wesentliche Einflussgröße auf die Temperaturverteilung ist und definiert eingestellt werden muss, um den gewünschten Kontaktwiderstand zu erhalten. Um die Zieltemperatur im Blech in einer Erwärmungsdauer von wenigen Sekunden zu erreichen, ist eine Stromstärke von bis zu 3,5 kA bereitzustellen. Mit diesen Ergebnissen bestätigen die theoretischen Betrachtungen das hohe Potenzial der elektrischen Widerstandserwärmung für die schnelle lokale Erwärmung und somit für die Integration in ein Werkzeug in einer Umformpresse.

Die simulierten Prozessparameter bilden die Rahmenbedingungen für die Entwicklung eines geeigneten Erwärmungssystems, s. Kapitel 5. Für den Erwärmungsprozess wird zunächst ein Grundlagenprüfstand entwickelt, der die mechanischen und elektrischen Anforderungen für den Prozess umsetzt. Daraufhin wird die Systemtechnik in ein Modul eines Folgeverbundwerkzeugs integriert. Durch eine modulare Bauweise kann im Werkzeug sowohl das Scherschneiden als auch Kragenziehen mit vorheriger elektrischer Widerstandserwärmung durchgeführt werden.

Der experimentelle Nachweis der Erweiterung des Umformgrades beim Kragenziehen und der Steigerung der Schnittqualität im Scherschneiden erfolgt in Kapitel 6. Für den Werkstoff S700MC wurde im Folgeverbundwerkzeug eine Kragengeometrie mit einem Aufweitverhältnis von 2,13 rissfrei durch die vorherige Erwärmung geformt. In den Untersuchungen am Prüfstand wurde das Aufweitverhältnis 2,48 an Blechen der Werkstoffe S700MC, C45, C75 und 42CrMo4 erfolgreich geformt. Für das Scherschneiden konnte der Glattschnittanteil von 37 auf 90 % gesteigert werden. Für diese Anwendungen wurden elektrische Leistungen zwischen 20 und 30 kW für einen Zeitraum zwischen 0,5 und 3,0 s angewendet. Die erste Forschungsfrage wird mit den Ergebnissen der Simulation, der Entwicklung der Prüfstände und den Ergebnissen aus Kapitel 6 beantwortet.

Im siebten Kapitel wird die Technologie der Widerstandserwärmung auf die Umformung metallischer BPP für Brennstoffzellen in einem Technologietransfer erweitert. Anhand der rissfrei formbaren Kanaltiefe wird die Eignung der Erwärmungstechnologie nachgewiesen. In den beiden Prozessrouten mit Warmumformung und Zwischenglühen werden sowohl einstufige als auch mehrstufige Umformprozesse für Kanalstrukturen anhand von Demonstratorgeometrien betrachtet. Für Edelstahlplatten führen beide Prozessrouten zu einer Vergrößerung der rissfrei formbaren Kanaltiefe. Bei der Warmumformung beträgt die Vergrößerung bis zu 53,8 %, beim Zwischenglühen bis 35,5 %. Titan als Plattenwerkstoff stellte sich während der Untersuchung als nicht geeignet für die elektrische Widerstandserwärmung heraus. Es ließen sich keine tieferen Kanalgeometrien durch die Erwärmung formen. Mit diesen Ergebnissen wird die zweite Forschungsfrage nach der Erweiterung der rissfrei herstellbaren Kanaltiefe durch elektrische Widerstandserwärmung in Abhängigkeit vom Werkstoff beantwortet.

Zusammenfassend ist festzuhalten, dass die elektrische Widerstandserwärmung hohes Potenzial aufweist, um integriert in Hochvolumenprozesse der Blechbearbeitung eine Erweiterung der Umformgrade zu wirtschaftlichen Bedingungen zu erzielen.

Diese Eignung wurde in der vorliegenden Arbeit für die Anwendungen Scherschneiden, Kragenziehen und die BPP-Umformung von Edelstahl 1.4404 erfolgreich nachgewiesen.

8.2 Ausblick

Outlook

Auf Basis des in dieser Arbeit entwickelten Simulationsmodells, der Systemtechnik für die Warmumformung sowie der Prozesse für die seriennahe Fertigung lassen sich weitere, darauf aufbauende Forschungsthemen erschließen.

Sowohl für die Erwärmung der hochfesten Stähle als auch der BPP bietet eine Weiterentwicklung des Simulationsmodells die Möglichkeit zur präziseren Auslegung. Es empfiehlt sich eine Umsetzung der Kopplung von thermischer Simulation und Umformsimulation, um den Einfluss des Materialverhaltens unter Berücksichtigung der Veränderung der Mikrostruktur auf das Umformverhalten abzubilden.

Prozessseitig kann für hochfeste Stähle eine Produktivitätssteigerung durch die Erhöhung der Hubzahl oder eine Analyse der Standzeiten der Werkzeuge für Warmbearbeitungsprozesse in hohen Stückzahlen untersucht werden. Auf Seiten der Produktionsmaschinen bietet eine Optimierung in Richtung höherer Steifigkeit die Möglichkeit, den Kontakt der Elektroden zu verbessern und damit größere Flächen zu erwärmen. Dadurch kann eine höhere Flexibilität hinsichtlich der zu erwärmenden Bauteilgeometrie und Optimierung der Maßhaltigkeit gefertigter Bauteile geschaffen werden.

Für die Umformung metallischer BPP mittels Warmumformung und Zwischenglühen wurde die Machbarkeit der Vergrößerung der Kanaltiefe an Demonstratorgeometrien nachgewiesen. Im Anschluss daran sollte die Erwärmung und Umformung auf das gesamte Plattendesign erweitert werden. Die Übertragung in einen Hochvolumenprozess, z. B. in einem Folgeverbund- oder Transferwerkzeug in einer Umformpresse ermöglicht die Demonstration einer seriennahen Fertigung und Validierung. Im Bereich der Titanumformung kann ein tieferes Verständnis der Temperaturentwicklung im Umformprozess neue Forschungsbereiche erschließen. Eine integrierte Temperaturmessung im Umformwerkzeug könnte weiteren Aufschluss über den Verlauf der Temperatur geben, um mögliche Prozessrouten für eine Vergrößerung der Kanaltiefe zu erreichen. Abschließend eröffnet die Übertragung des Prozesses auf weitere geeignete Werkstoffe wie z. B. ferritische Stähle die Möglichkeit zur weiteren Kostenreduktion in der BPP- und Brennstoffzellenproduktion.

Summary and Outlook

Forming processes of high strength steels and metallic bipolar plates are limited by specific material characteristics. At the same time, high elongation is demanded to fulfill requirements of the product design. According to the state of the art, heating of parts is one possibility to extend the degree of deformation. This thesis contributes to the development and integration of electrical resistance heating for the coupled thermal-mechanical processing of high production volumes. The procedure and the results are summarized in the following. Finally, approaches to unlock further potential in warm forming with electrical resistance heating are presented.

Summary

With the heating of steel materials, their shape-changing capacity can be enlarged, and flow stress can be reduced. As a result, the manufacturable degrees of deformation as well as the quality of cut surfaces is optimized. The technologies that are usually used for heating require long process times and are contrary to the demand for economic manufacturing.

Therefore, the objective of this thesis is the development of a suitable system technology for electrical resistance heating, that enables local heating of sheet metals in short process times and that is appropriate for the integration into a production process close to industry standards. Next to the machinery, the process for coupled thermal-mechanical processing is developed and optimized. This is done in an analytical analysis of the heating process, in a numerical simulation and in an experimental analysis and validation. As demonstrator applications, mechanical shear cutting and flange forming of high strength steels are selected. The flange has an aspect ratio, which cannot be formed conventionally without defects. Furthermore, electrical resistance heating is applied to the forming of metallic bipolar plates to enlarge the formable channel depth of the flowfield. By doing so, a large range of applications is demonstrated for this heating technology in terms of materials, sheet thickness and heating geometries.

For a first identification of the required process parameters, an analytical analysis of the heating is conducted in chapter 4 and the process is examined by means of a numerical simulation. The contact areas between parts that may conduct electrical current are mainly influencing the emerging HAZ. To build up a simulation with results close to reality, specific subroutines are developed in the simulation software ABAQUS. They additionally consider the dependency of the electrical and thermal conductivity on temperature and contact pressure. According to the results, the temperature distribution strongly depends on the contact force between electrodes and sheet metal. This force has to be set precisely in order to get the desired electrical contact resistance. To reach the target temperature inside the sheet in a heating duration of only a few seconds, an electrical current of around 3.5 kW has to be deployed. With these results, the theoretical considerations confirm the high potential of electrical resistance heating for a rapid local heating and therefore for the integration into a tool inside a forming press.

The simulated process parameters are building the boundary conditions for the development of an appropriate heating system (chapter 5). First, a test bench is developed for the resistance heating, which realizes the mechanical and electrical requirements of the process. Afterwards, this system technology is integrated into a module of a progressive die tool. With the modular design and construction of the tool, the processes of shear cutting as well as flange forming can be conducted with a prior heating station.

Chapter 6 contains the experimental validation of the extended degree of deformation in flange forming and the optimization of the cut surface in shear cutting. For the high strength steel S700MC, a flange geometry with an aspect ratio of 2.13 was formed without any cracks inside the progressive die tool with prior electrical resistance heating. The experiments at the lab test bench demonstrated the potential to form flanges with an aspect ratio of 2.48 for the steel grades S700MC, C45, C75 and 42CrMo4. In shear cutting applications, the clear cut surface ratio could be increased from 37 to 90 %. Electrical power between 20 and 30 kW was applied for a heating time of 0.5 to 3.0 s. The first research question is answered with the results of the numerical simulation, the design and development of the lab test bench and the progressive die tool as well as the results of the experimental validation in chapter 6.

In chapter 7 the technology of the electrical resistance heating is transferred to the forming process of metallic bipolar plates in fuel cells. The formable channel depth serves as the criterion to evaluate the possible benefit and suitability of this heating technology. With warm forming and annealing, two different process routes are examined for the single-stage and multi-stage forming of the channels. The process is evaluated on a demonstrator channel geometry. For stainless steel, both process routes lead to larger channel depths that can be manufactured without cracks. For warm forming, the increase is 53.8 %, whereas it is 35.5 % for the annealing process. Titanium as material for the plates turns out not to be suitable for electrical resistance heating. In experimental validations, the channel depth could not be enlarged. With these results, the second research question for the extension of the formable channel depth due to prior resistance heating is answered for two different plate materials.

Summarizing the results it can be stated that electrical resistance heating has large potential to increase the formable degree of deformation under economic conditions, when it is integrated into high volume sheet metal processes. This suitability was successfully demonstrated for the applications of shear cutting, flange forming and forming of bipolar plates made of stainless steel.

Outlook

Based on the simulation model, system technology and the developed processes for integrated warm forming in production close to industry standards, further research topics can be developed.

For both, the heating of high strength steels and bipolar plates, further optimization of the simulation model offers potential for a more precise designing of parts and processes. The implementation of the coupling of thermal simulation and forming simulation is recommended to cover the influence of material behavior on the forming result with consideration of the change in microstructure.

On the process side, an increase in productivity can be reached for high strength steels by increasing the stroke rate or analyzing the tool life for working processes under higher temperatures in high volumes. On the production machine side, strengthening the stiffness offers the possibility of improved contact of the electrodes and therefore the heating of larger surfaces. This allows greater flexibility with regard to the component geometry to be heated and an optimization of the dimensional accuracy of manufactured components.

For the forming of metallic bipolar plates using warm forming and annealing, the feasibility of increasing the channel depth was shown on a demonstrator geometry. In a subsequent step, the heating and forming process may be extended to the entire plate design. The transfer to a high volume process, e.g. in a progressive die or transfer die in a forming press, enables the demonstration of series production and validation. In the field of titanium forming, a deeper understanding of the temperature development in the forming process can open up new areas of research. An integrated temperature measurement in the forming tool could give further information about the temperature development during forming to achieve possible process routes for an increase of the channel depth. Finally, the transfer of the process to other suitable materials such as ferritic steels may lead to further cost reductions in bipolar plate and fuel cell production.

9 Literaturverzeichnis

References

[ASRI17] Asri, N.; Husaini, T.; Sulong, A.; Majlan, E.; Daud, W.: Coating of stainless steel and titanium bipolar plates for anticorrosion in PEMFC: A review. In: International Journal of Hydrogen Energy. 42. Jg., 2017, Nr. 14, S. 9135–9148

[AUDI22] AUDI AG: A8 Spaceframe. URL: https://www.audi-technology-portal.de/files/images/587/150122_atp_header_a8_spaceframe__header.png [Stand: 06.12.2022]

[BABU01] Babu, S.; Santella, M.; Feng, Z.; Riemer, B.; Cohron, J.: Empirical model of effects of pressure and temperature on electrical contact resistance of metals. In: Science and Technology of Welding and Joining. 6. Jg., 2001, Nr. 3, S. 126–132

[BALL19] Ballard Power Systems Inc.: PEM Fuel Cell Bipolar Plate Material. URL: https://www.ballard.com/docs/default-source/web-pdf%27s/technical-note-_-metal-vs-graphite-bipolar-plates.pdf?sfvrsn=5869c180_2 [Stand: 03.10.2020]

[BARB06] Barbir, F.: PEM Fuel Cells. In: Sammes, N. (Hrsg.): Engineering Materials and Processes. London: Springer London, 2006, S. 27–51

[BAUE16] Bauer, A.: Experimentelle und numerische Untersuchungen zur Analyse der umformtechnischen Herstellung metallischer Bipolarplatten. Dissertation Technische Universität Chemnitz. Chemnitz, 2016

[BEKA18] Bekaert, F.: Impact of Demand Uncertainty for Automotive Powertrains and Body on Bulk Materials. Nancy, France, 2018

[BEND10] Bendzulla, A.: Von der Komponente zum Stack: Entwicklung und Auslegung von HT-PEFC-Stacks der 5 kW-Klasse. Jülich: Forschungszentrum Jülich, 2010

[BERG13] Bergweiler, G.: Lokale Wärmebehandlung mit Laserstrahlung zur Verbesserung der Umform- und Funktionseigenschaften von hochfesten Stählen. 1. Aufl. Aachen: Apprimus-Verl., 2013

[BLEC16] Bleck, W.; Angel, S.: Werkstoffkunde Stahl für Studium und Praxis. 6. Aufl. 2016

[BLEC17] Bleck, W.; Wildau, M.: Werkstoffprüfung in Studium und Praxis. 16. Aufl. 2017

[BÖCK09] Böckh, P.; Wetzel, T.: Wärmeübertragung. Berlin, Heidelberg: Springer Berlin Heidelberg, 2009

[BÖGE09] Böge, W.: Vieweg Handbuch Elektrotechnik. Wiesbaden: Springer Fachmedien, 2009

[BOHA21] Bohackova, T.; Ludvik, J.; Kouril, M.: Metallic Material Selection and Prospective Surface Treatments for Proton Exchange Membrane Fuel Cell Bipolar Plates-A Review. In: Materials (Basel, Switzerland). 14. Jg., 2021, Nr. 10

[BREC18] Brecher, C.; Weck, M.: Werkzeugmaschinen Fertigungssysteme 1. Maschinenarten und Anwendungsbereiche. 9. Aufl. 2019. Berlin, Heidelberg: Springer Berlin Heidelberg, 2018

[BREI21] Breitkopf, A.: Umsatz der deutschen Metallindustrie in den Jahren 2005 bis 2020. URL: https://de.statista.com/statistik/daten/studie/237217/umfrage/umsatz-der-metallindustrie-in-deutschland/ [Stand: 04.05.2021]

[BRÜT16] Brütsch: Beeinflussung des Gefüges durch Wärmebehandlungen. URL: http://www.brr.ch/web4archiv/objects/objekte/metals/ts/1/05_d.pdf [Stand: 01.09.2022]

[CHOW16] Chowdhury, M.; Anh, D.: Development of Electrically Assisted Rapid Heating for Metal Forming of Hot-Stamping Process. In: Journal of Materials Science Research. 5. Jg., 2016, Nr. 3, S. 66

[DAIM20] Daimler: Elektromobilität hat viele Facetten. Wasserstoff gehört dazu. URL: https://www.daimler.com/innovation/case/electric/brennstoffzelle-wasserstoff-elektromobilitaet.html [Stand: 30.08.2022]

[DHAR20] Dharavath, B.; ul Haq, A.; M., D.; Buddi, T.; Singh, S.; Naik, M.: Comparative study of ASS 316L on formability at room temperature and super plastic region. In: Advances in Materials and Processing Technologies. 6. Jg., 2020, Nr. 2, S. 384–395

[DIEH22] Diehl Stiftung & Co. KG: Präzisionsstanztechnik. URL: https://www.diehl.com/cms/files/header_stanzen_neu.jpg?box_crop=1400%2C467 [Stand: 06.12.2022]

[DIEP18] Diep Tran, T.: Effects of Gas Channel Design on Water Management and on the Performance of Polymer Electrolyte Membrane Fuel Cells: A Review. In: International Journal of Electrochemical Science. 13. Jg., 2018, S. 10480–10495

[DIET18] Dietrich, J.: Praxis der Umformtechnik. Wiesbaden: Springer Fachmedien Wiesbaden, 2018

[DIN10] DIN EN ISO 5821 (2010). Widerstandsschweißen - Punktschweiß-Elektrodenkappen

[DIN13a] DIN EN 10149-2 (2013). Warmgewalzte Flacherzeugnisse aus Stählen mit hoher Streckgrenze zum Kaltumformen. Teil 2: Technische Lieferbedingungen für thermomechanisch gewalzte Stähle

[DIN13b] DIN 8588 (2013). Fertigungsverfahren Zerteilen

[DIN20] DIN 8580 (2020). Fertigungsverfahren – Begriffe, Einteilung

[DIN21] DIN EN ISO 12004-1 (2021). Metallische Werkstoffe – Bestimmung der Grenzformänderungskurven für Bleche und Bänder. Teil 1: Messung und Anwendung von Grenzformänderungsdiagrammen in Presswerken

[DIN75] DIN 43671 (1975). Stromschienen aus Kupfer. Bemessung für Dauerstrom

[DIN91] DIN 46276 (1991). Elastische Bänder für Stromschienen und Flachanschlüsse. Lamelliert-Flexibel

[DIN94] DIN EN 10052 (1994). Begriffe der Wärmebehandlung von Eisenwerkstoffen

[DOME22] Domel, D.: Gestanzte Elektrobleche. URL: https://www.domel.com/de/produkte/gestanzte-elektrobleche-66 [Stand: 06.12.2022]

[DUR14] Dur, E.; Cora, Ö.; Koç, M.: Effect of manufacturing process sequence on the corrosion resistance characteristics of coated metallic bipolar plates. In: Journal of Power Sources. 246. Jg., 2014, S. 788–799

[EBNE22a] EBNER Industrieofenbau GmbH: Hotphase Ofen. Technologie für das Presshärten. URL: https://www.ebner.cc/hotphase-oefen-fuer-press-haerten-stahl-uebersicht-de [Stand: 06.12.2022]

[EBNE22b] EBNER Industrieofenbau GmbH: Rollenherdofen. URL: https://www.ebner.cc/rollenherdofen-uebersicht-de [Stand: 06.12.2022]

[EISA09] Eisazadeh, H.; Halvaee, A.; Hamedi, M.: Study of nugget formation in resistance spot welding process through finite element analysis. Chabahar, Iran: Chabahar Maritime University, 2009

[EMON10] Emonts, M.: Laserunterstütztes Scherschneiden von hochfesten Blechwerkstoffen. Dissertation Rheinisch-Westfälische Technische Hochschule Aachen. Apprimus Verlag, Wissenschaftsverlag des Instituts für Industriekommunikation und Fachmedien an der RWTH Aachen. Aachen, 2010

[ERNI10] Erni, M.; Wan Daud, W.; Majlan, E.: Review on Serpentine Flow Field Design for PEM Fuel Cell System. In: Key Engineering Materials. 447-4482010, S. 559–563

[FONT10] Fontaras, G.; Samaras, Z.: On the way to 130gCO2/km — Estimating the future characteristics of the average European passenger car. In: Energy Policy. 38. Jg., 2010, Nr. 4, S. 1826–1833

[FÜLL22] Füllmann, R.: 1.8974 S700MC +M (thermomechanisch gewalzt) Mikrolegierter Feinkornbaustahl. URL: https://www.schmitz-metallographie.de/gefuge/1-8974-s700mc-m-thermomechanisch-gewalzt-mikrolegierter-feinkornbaustahl/ [Stand: 18.12.2022]

[FÜLM22] Füllmann, R.: 1.8974 S700 +Q (selbstabgeschreckt). URL: https://www.schmitz-metallographie.de/gefuge/1-8974-s700-q-selbstabgeschreckt/ [Stand: 18.12.2022]

[GANZ09] Ganzer, S.; Albert, F.; Schmidt, M.: Hochfester und leicht umformbarer Stahl für den Automobilbau. In: Laser Technik Journal. 6. Jg., 2009, Nr. 2, S. 33–37

[GEYE08] Geyer, F.: Warmumformung. Konduktion: Der Heiztrick für hochfesten Stahl. In: BLECH InForm. 2008, Nr. 4, S. 56–58

[GLÄS13] Gläsner, T.; Sunderkötter, C.; Hoffmann, M.; Volk, W.; Hoffmann, H.; Golle, R.: Zweistufiges Scherschneiden reduziert die Kantenrissemfindlichkeit. URL: https://umformtechnik.net/content/location/72798 [Stand: 30.08.2022]

[GLÄS15] Gläsner, T.; Sunderkötter, C.; Rommel, S.; Volk, W.; Hoffmann, H.; Golle, R.: Evaluation eines Verfahrens zur Bestimmung der Kantenrisssensitivität von hochfesten Stählen. In: Umformtechnik. 2015, Nr. III

[GÓRK15] Górka, J.: Study of structural changes in S700MC steel thermomechanically treated under the influence of simulated welding thermal cycles. In: Indian Journal of Engineering & Materials Sciences. 22. Jg., 2015, Nr. 5, S. 497–502

[GÖTT13] Göttmann, A.; Bailly, D.; Bergweiler, G.; Bambach, M.; Stollenwerk, J.; Hirt, G.; Loosen, P.: A novel approach for temperature control in ISF supported by laser and resistance heating. In: The International Journal of Advanced Manufacturing Technology. 67. Jg., 2013, Nr. 9-12, S. 2195–2205

[GOTT14] Gottstein, G.: Materialwissenschaft und Werkstofftechnik. Physikalische Grundlagen. 4., neu bearb. Aufl. 2014. Berlin: Springer Vieweg, 2014

[GRÄB20] Gräbener Maschinentechnik GmbH & Co. KG: Hydroforming. URL: https://www.graebener.com/de/loesung/fertigungsanlagen-bipo/ [Stand: 06.10.2020]

[GRÄB22] Gräbener Maschinentechnik GmbH & Co. KG: Metallische Bipolarplatte für Hochtemperatur-Brennstoffzelle. URL: https://www.graebener.com/de/unternehmen [Stand: 21.12.2022]

[GRAN18] Grandviewresearch: High Strength Steel Market Size. URL: https://www.grandviewresearch.com/industry-analysis/high-strength-steel-market [Stand: 30.08.2022]

[GRIL10] Grill, R.; Egger, R.; Mayrhofer, F.: Herstellung und Verarbeitung moderner hochfester Grobbleche. In: BHM Berg- und Hüttenmännische Monatshefte. 155. Jg., 2010, Nr. 5, S. 207–212

[GROC04] Groche, P.; Erhardt, R.: Lasererwärmung zur Verbesserung des Umformergebnisses beim Kragenziehen von Aluminium- und Magnesiumknetlegierungen. In: Materialwissenschaft und Werkstofftechnik. 35. Jg., 2004, Nr. 7, S. 467–472

[HENS20a] Henssler, S.: Ballard & Audi: Gemeinsame Brennstoffzellen-Stacks kommen zum Einsatz. URL: https://www.elektroauto-news.net/2020/ballard-audi-gemeinsame-brennstoffzellen-stacks-einsatzfaehig [Stand: 09.11.2020]

[HENS20b] Henssler, S.: Hyundai demonstriert seine Brennstoffzellen-Kompetenz. URL: https://www.elektroauto-news.net/2020/hyundai-demonstriert-seine-brennstoffzellen-kompetenz#comments [Stand: 22.09.2020]

[HERB20] Herbst, S.: Hydrogen roadmap and products2020. Firmenschrift

[HEUS12] Heuss, R.; Müller, N.; van Sintern, W.; Starke, A.; Tschiesner, A.: Lightweight, heavy impact. URL: https://www.mckinsey.com/~/media/mckinsey/dotcom/client_service/automotive%20and%20assembly/pdfs/lightweight_heavy_impact.ashx [Stand: 02.09.2022]

[HOFM23] Hofmann, J.: Werkstoffdatenblatt 1.4404 / X2CrNiMo17-12-2. Nichtrostender Stahl, austenitisch. 2023. Firmenschrift

[HU02] Hu, J.: Mechanics of Sheet Metal Forming. 2nd ed. Oxford: Elsevier Science & Technology, 2002

[HU14] Hu, Q.; Zhang, D.; Fu, H.; Huang, K.: Investigation of stamping process of metallic bipolar plates in PEM fuel cell — Numerical simulation and experiments. In: International Journal of Hydrogen Energy. 39. Jg., 2014, Nr. 25, S. 13770–13776

[HUSS14] Hussaini, S.; Singh, S.; Gupta, A.: Formability and fracture studies of austenitic stainless steel 316 at different temperatures. In: Journal of King Saud University - Engineering Sciences. 26. Jg., 2014, Nr. 2, S. 184–190

[HYUN18] Hyundai Motor Company: Features. Explore the features of the all-new NEXO. URL: https://www.hyundai.com/eu/models/nexo/features.html [Stand: 02.10.2020]

[JAME17] James, B.; Huya-Kouadio, J.; Houchins, C.: Bipolar Plate Cost and Issues at High Production Rate. DOE Workshop on Research and Development Needs for Bipolar Plates for PEM Fuel Cell Technologies. URL: https://www.energy.gov/sites/prod/files/2017/05/f34/fcto_biploar_plates_wkshp_james.pdf [Stand: 03.10.2020]

[JAME18] James, B.: 2018 Cost Projections of PEM Fuel Cell Systems for Automobiles and Medium-Duty Vehicles. URL: https://www.energy.gov/sites/prod/files/2018/04/f51/fcto_webinarslides_2018_costs_pem_fc_autos_trucks_042518.pdf [Stand: 26.10.2020]

[JAMI00] Jamil A. Khan, L.: Numerical Simulation of Resistance Spot Welding Process. In: Numerical Heat Transfer, Part A: Applications. 37. Jg., 2000, Nr. 5, S. 425–446

[KAHR17] Kahraman, H.; Orhan, M.: Flow field bipolar plates in a proton exchange membrane fuel cell: Analysis & modeling. In: Energy Conversion and Management. 133. Jg., 2017, Nr. 2, S. 363–384

[KARB10] Karbasian, H.; Tekkaya, A.: A review on hot stamping. In: Journal of Materials Processing Technology. 210. Jg., 2010, Nr. 15, S. 2103–2118

[KARB12] Karban, P.; Mach, F.; Doležel, I.: Hard-coupled model of local direct resistance heating of thin sheets. In: Journal of Computational and Applied Mathematics. 236. Jg., 2012, Nr. 18, S. 4725–4731

[KARR17] Karrar, F.; Ekhlas, A.; Hayder, D.: Effect of Geometric Design of the Flow Fields Plat on the Performance of A PEM Fuel Cell: A Review. In: International Journal of Scientific & Engineering Research. 8. Jg., 2017, Nr. 7, S. 25–34

[KLEE17] Kleen, G.; Hirano, S.: Fuel Cell Technical Team Roadmap. URL: https://www.energy.gov/sites/default/files/2017/11/f46/FCTT_Roadmap_Nov_2017_FINAL.pdf [Stand: 30.08.2022]

[KLIG17] Kliger, I.: Umformung – das Geheimnis der Zähigkeit von hochfesten Stahlapplikationen. URL: https://www.ssab.de/ssab/aktuelles/2017/03/16/08/40/forming-the-secret-to-ensuring-robustness-in-high-strength-steel-applications [Stand: 09.11.2020]

[KLOC06] Klocke, F.; König, W.: Fertigungsverfahren 4. Umformen. 5., neu bearbeitete Auflage. Berlin, Heidelberg: Springer-Verlag Berlin Heidelberg, 2006

[KLOC13] Klocke, F.; Terhorst, M.; Trauth, D.; Mattfeld, P.: Energieeffizientes Warmvollvorwärtsfließpressen. Mit prozessintegrierter elektrischer Widerstandserwärmung Chevron-Risse bei der Umformung vermeiden. In: wt Werkstattstechnik online. 103. Jg., 2013, Nr. 5, S. 423–430

[KNEE11] Kneer, R.: Wärme- und Stoffübertragung I. Vorlesungsumdruck Rheinisch-Westfälische Technische Hochschule Aachen. Aachen, 2011

[KOLL20] Kolleck, R.; Veit, R.; Lenze, F.-J.: Alternative Erwärmungstechnologien für die temperierte Blechumformung. Technische Universität Graz. Graz, 2020

[KULP03] Kulp, S.: Herstellung von Blechformteilen aus Reintitanwerkstoffen und hochlegierten rostfreien Stählen. Dissertation Universität Hannover. Hannover, 2003

[KURZ16] Kurzweil, P.: Brennstoffzellentechnik. Wiesbaden: Springer Fachmedien Wiesbaden, 2016

[KWON10] Kwon, O.; Lee, K.; Kim, G.; Chin, K.: New Trends in Advanced High Strength Steel Developments for Automotive Application. In: Materials Science Forum. 638-642, 2010, S. 136–141

[LANG90] Lange, K.: Umformtechnik. Handbuch für Industrie und Wissenschaft. Berlin Heidelberg New York: Springer Verlag, 1990

[LENE22] Lenze SE: Frequenzumrichter i550 cabinet. URL: https://www.lenze.com/de-de/produkte/umrichter/frequenzumrichter/i550-cabinet [Stand: 08.12.2022]

[LENZ22] Lenze SE: Inverter. URL: https://download.lenze.com/TD/Frequenzumrichter%20Schaltschrank%20Montage__v9-0__DE.pdf [Stand: 08.12.2022]

[LIAN14a] Liang, W.; Wang, L.; Liu, Y.; Wang, Y.; Zhang, Y.: Blank Shape Sensitivity on Temperature Distribution of Hot Stamping Boron Steel through Conduction Heating. In: Advanced Materials Research. 1063. Jg., 2014, S. 211–214

[LIAN14b] Liang, W.; Wang, L.; Liu, Y.; Wang, Y.; Zhang, Y.: Hot Stamping Parts with Tailored Properties by Local Resistance Heating. In: Procedia Engineering. 81. Jg., 2014, S. 1731–1736

[LIEN19] Lienhard, J., IV; Lienhard, J., V: A Heat Transfer Textboox. Fifth Edition: Philogistron Press Cambridge Massachusetts, 2019

[LIU10] Liu, Y.; Hua, L.: Fabrication of metallic bipolar plate for proton exchange membrane fuel cells by rubber pad forming. In: Journal of Power Sources. 195. Jg., 2010, Nr. 11, S. 3529–3535

[LUU18] Luu, V.; Nguyen, T.; Hong, S.-T.; Jeong, H.-J.; Han, H.: Feasibility of a Two-Stage Forming Process of 316L Austenitic Stainless Steels with Rapid Electrically Assisted Annealing. In: Metals. 8. Jg., 2018, Nr. 10, S. 815

[LYON16] Lyons, K.; Gould, B.: Lightweight Titanium Metal Bipolar Plates for PEM Fuel Cells. In: Materials Science Forum. 879. Jg., 2016, S. 613–618

[MA10] Ma, N.; Murakawa, H.: Numerical and experimental study on nugget formation in resistance spot welding for three pieces of high strength steel sheets. In: Journal of Materials Processing Technology. 210. Jg., 2010, Nr. 14, S. 2045–2052

[MARA21] Marappan, M.; Palaniswamy, K.; Velumani, T.; Chul, K.; Velayutham, R.; Shivakumar, P.; Sundaram, S.: Performance Studies of Proton Exchange Membrane Fuel Cells with Different Flow Field Designs - Review. In: Chemical record (New York, N.Y.). 21. Jg., 2021, Nr. 4, S. 663–714

[MEIE13] Meier, H.; Magnus, C.: Incremental Sheet Metal Forming with Direct Resistance Heating Using Two Moving Tools. In: Key Engineering Materials. 554-557, 2013, S. 1362–1367

[META21] Metalcor: Datenblatt 2.1293. URL: http://www.metalcor.de/datenblatt/133/ [Stand: 18.02.2021]

[MONT17] Monteiro, S.; Margem, F.; Candido, V.; Figueiredo, A.: High Temperature Plastic Instability and Dynamic Strain Aging in the Tensile Behavior of AISI 316 Stainless Steel. In: Materials Research. 20. Jg., 2017, Nr. 2, S. 506–511

[MORI05] Mori, K.; Maki, S.; Tanaka, Y.: Warm and Hot Stamping of Ultra High Tensile Strength Steel Sheets Using Resistance Heating. In: CIRP Annals. 54. Jg., 2005, Nr. 1, S. 209–212

[MORI12a] Mori, K.: Smart hot stamping of ultra-high strength steel parts. In: Transactions of Nonferrous Metals Society of China. 22. Jg., 2012, S. 496-503

[MORI12b] Mori, K.; Maeno, T.; Maruo, Y.: Punching of small hole of die-quenched steel sheets using local resistance heating. In: CIRP Annals. 61. Jg., 2012, Nr. 1, S. 255–258

[MORI12c] Mori, K.; Maeno, T.; Fuzisaka, S.: Punching of ultra-high strength steel sheets using local resistance heating of shearing zone. In: Journal of Materials Processing Technology. 212. Jg., 2012, Nr. 2, S. 534–540

[MORI17a] Mori, K.; Bariani, P.; Behrens, B.-A.; Brosius, A.; Bruschi, S.; Maeno, T.; Merklein, M.; Yanagimoto, J.: Hot stamping of ultra-high strength steel parts. In: CIRP Annals. 66. Jg., 2017, Nr. 2, S. 755–777

[MORI17b] Mori, K.; Maeno, T.; Tsuchiya, M.; Nanya, T.: Inclusion of hot stamping operations in progressive-die plate forging of tailored high strength gear part. In: The International Journal of Advanced Manufacturing Technology. 90. Jg., 2017, Nr. 9-12, S. 3585–3594

[MORI17c] Mori, K.; Maeno, T.; Sakagami, M.; Ukai, M.; Agatsuma, Y.: 2-stage progressive-die hot stamping of ultra-high strength steel parts using resistance heating. In: Procedia Engineering. 207. Jg., 2017, S. 681–686

[MUEL19] Mueller, C.; Lee, S.; Janssen, H.; Brecher, C.: Analysis of forming technologies for the production of bipolar plates. In: FC³ Fuel Cell Conference. Technische Universität Chemnitz, Fakultät für Maschinenbau, Professur Alternative Fahrzeugantriebe, Chemnitz. 2019

[MUEL22] Mueller, C.; Janssen, H.; Brecher, C.: Hot forming of metallic bipolar plates using conductive heating. In: FC³ Fuel Cell Conference. Technische Universität Chemnitz, Fakultät für Maschinenbau, Professur Alternative Fahrzeugantriebe, Chemnitz. 2022, S. 175–182

[NETO19] Neto, D.; Oliveira, M.; Alves, J.; Menezes, L.: Numerical Study on the Formability of Metallic Bipolar Plates for Proton Exchange Membrane (PEM) Fuel Cells. In: Metals. 9. Jg., 2019, Nr. 7, S. 810

[NEUG22] Neugebauer, R. (Hrsg.)Wasserstofftechnologien. Berlin, Heidelberg, Berlin, Heidelberg: Springer Berlin Heidelberg; Imprint Springer Vieweg, 2022

[NIEL15] Nielsen, C. V.; Martins, P. A.; Zhang, W.; Bay, N. O.: Numerical methods in simulation of resistance welding. In: Proceedings of the VI International Conference on Coupled Problems in Science and Engineering. 2015, S. 322–333

[NOTH14] Nothhaft, K.: Scherschneiden höchstfester Blechwerkstoffe im offenen Schnitt. Dissertation Technische Universität München. München, 2014

[OTTO03] Otto, M.: Erweiterung der Umformgrenzen beim Tiefziehen und Kragenziehen durch Nachschieben von Werkstoff. Dissertation Otto-von-Guericke-Universität Magdeburg. Magdeburg, 2003

[PARK16] Park, W.; Jin, C.; Kang, C.: Improving channel depth of stainless steel bipolar plate in fuel cell using process parameters of stamping. In: The International Journal of Advanced Manufacturing Technology. 87. Jg., 2016, Nr. 5-8, S. 1677–1684

[PFEI07] Pfeifer, H.: Taschenbuch Industrielle Wärmetechnik. Grundlagen - Berechnungen - Verfahren. Essen: Oldenbourg Industrieverlag, 2007

[PLOS11] Ploshikhin, V.; Kaiser, J.; Bleier, H.: Neue Entwicklungen in der Erwärmungstechnologie beim Warmumformen von Blechen. In: MEFORM. 2011

[POKO19] Pokojski, M.: Brennstoffzellen- und Batteriefahrzeuge. Bedeutung für die Elektromobilität. URL: https://www.vde.com/resource/blob/1875246/3a4ac5081799af17650c62316c183eb4/studie-brennstoffzelle-data.pdf [Stand: 02.09.2022]

[POWE20] Powercell: PowerCell S3. Powerful, Efficient and Durable. URL: https://www.powercell.se/wordpress/wp-content/uploads/2018/12/S3-Produktblad-190430.pdf [Stand: 10.11.2020]

[RÜDI78] Rüdinger, K.: Moderne Werkstoffe – Auswahl – Prüfung – Anwendung. Übersichten über Sondergebiete der Werkstofftechnik für Studium und Praxis. Titan und Titanlegierungen (Fortsetzung von Heft 5/78). In: Materialwissenschaft und Werkstofftechnik. 9. Jg., 1978, Nr. 6, S. 214–218

[SALZ15] Salzgitter Flachstahl: Datenblatt S700MC. Höherfester Stahl zum Kaltumformen, thermomechanisch gewalzt. URL: https://www.salzgitter-flachstahl.de/fileadmin/mediadb/szfg/informationsmaterial/produktinformationen/warmgewalzte_produkte/deu/s700mc.pdf [Stand: 30.08.2022]

[SAUE20] Sauermoser, M.; Kizilova, N.; Pollet, B.; Kjelstrup, S.: Flow Field Patterns for Proton Exchange Membrane Fuel Cells. In: Frontiers in Energy Research. 8. Jg., 2020, S. 525

[SCHI23] Schilg, P.: Wärmebehandlung Martensitbildung. URL: https://werkstoffprüfer-blog.de/?p=239 [Stand: 05.03.2023]

[SCHM18a] Schmitt, J.-H.; Iung, T.: New developments of advanced high-strength steels for automotive applications. In: Comptes Rendus Physique. 19. Jg., 2018, Nr. 8, S. 641–656

[SCHM18b] Schmidt, F.: Lokale Erwärmung macht hochfeste Bleche biegsam. URL: https://www.maschinenmarkt.vogel.de/lokale-erwaermung-macht-hochfeste-bleche-biegsam-a-768376/ [Stand: 02.09.2022]

[SCHM22] Schmidt, F.: EcoHardSteel – Substitution energieintensiver Ofenprozesse durch werkzeugintegriertes Laserstrahlhärten in der Blechbearbeitung. URL: https://www.ipt.fraunhofer.de/de/projekte/ecohard-steel.html [Stand: 30.08.2022]

[SCHR20] Schröder, T.: Ausgekochter Stahl für das Auto von morgen. URL: https://www.mpg.de/927842/Stahl_fuer_das_Auto_von_morgen [Stand: 21.07.2020]

[SCHU16] Schuler: Betriebsanleitung Presse MSC20002016. Firmenschrift

[SCHW14] Schwab, M.: Technisches Informationsblatt. Kaltgewalzter rostbeständiger Bandstahl W.-Nr. 1.4404 geglüht, 2014. Firmenschrift

[SCHW20] Schwab, M.: Abnahmeprüfzeugnis 3.1 analog DIN EN 102042020. Firmenschrift

[SIEM22] Siemens AG: Sine-wave filters. URL: https://mall.industry.siemens.com/mall/DE/WW/Catalog/Products/10122029 [Stand: 08.12.2022]

[SMS20] SMS Elotherm GmbH: Induktionsanlagen zur Fertigung von Karosseriebauteilen. URL: https://www.sms-elotherm.com/induktives-erwaermen/platinen/ [Stand: 09.11.2020]

[SOCI20] Society of Automotive Engineers of China: Hydrogen Fuel Cell Vehicle Technology Roadmap. Strategy Advisory Committee of the Technology Roadmap for Energy Saving and New Energy Vehicles, 2020

[SONG20] Song, Y.; Zhang, C.; Ling, C.-Y.; Han, M.; Yong, R.-Y.; Sun, D.; Chen, J.: Review on current research of materials, fabrication and application for bipolar plate in proton exchange membrane fuel cell. In: International Journal of Hydrogen Energy. 45. Jg., 2020, Nr. 54, S. 29832–29847

[STEP14] Stephan, N.: Leichtbau in der Nutzfahrzeugindustrie. Eine Studie des Lehrstuhls für Konstruktion im Maschinen- und Apparatebau der Technischen Universität Kaiserslautern. Kaiserslautern: Commercial Vehicle Cluster-Nutzfahrzeug GmbH, 2014

[STOR21] Storms, T.: Laserunterstütztes Kragenziehen. Dissertation Rheinisch-Westfälische Technische Hochschule Aachen. Apprimus Verlag, Wissenschaftsverlag des Instituts für Industriekommunikation und Fachmedien an der RWTH Aachen. Aachen, 2021

[TAKA15] Takahashi, M.: Sheet Steel Technology for the Last 100 Years: Progress in Sheet Steels in Hand with the Automotive Industry. In: ISIJ International. 55. Jg., 2015, Nr. 1, S. 79–88

[TECH21] Technavio: High Strength Steel Market by Application and Geography - Forecast and Analysis 2021-2025. URL: https://www.technavio.com/report/high-strength-steel-market-industry-analysis [Stand: 01.02.2022]

[TERH13] Terhorst, M.; Trauth, D.; Klocke, F.: Ermittlung von Prozessgrenzen der elektrischen Widerstandserwärmung für die Hybridisierung des Voll-Vorwärts-Fließpressens. In: SchmiedeJOURNAL. 2013

[TERH17] Terhorst, M.; Ozhoga-Maslovskaja, O.; Trauth, D.; Shirobokov, A.; Mattfeld, P.; Solf, M.; Klocke, F.: Electro-thermo-mechanical contact model for bulk metal forming under application of electrical resistance heating. In: The International Journal of Advanced Manufacturing Technology. 89. Jg., 2017, Nr. 9-12, S. 3601–3618

[THYS14] ThyssenKrupp InCarplus: Wirtschaftliche Leichtbau-Sitzstrukturen aus Stahl. In: ATZextra. 19. Jg., 2014, Nr. 10, S. 119–123

[THYS22] thyssenkrupp Materials Schweiz: Titan Grade 12022. Firmenschrift

[TÖPL17] Töpler, J.; Lehmann, J.: Wasserstoff und Brennstoffzelle. Berlin, Heidelberg: Springer Berlin Heidelberg, 2017

[TOYO20] Toyota: Outline of the Mirai. URL: https://www.toyota-europe.com/download/cms/euen/Toyota%20Mirai%20FCV_Posters_LR_tcm-11-564265.pdf [Stand: 7.11.2020]

[TOYO21] Toyota Boshoku: Electric Powertrain-Related Products. URL: https://www.toyota-boshoku.com/global/products/unit/fuel-cell/ [Stand: 26.03.2022]

[TRUM22] TRUMPF SE + Co. KG: Stanztechnologie kompakt. URL: https://www.trumpf.com/filestorage/TRUMPF_Master/Products/Services/01_brochures/TRUMPF-punching-at-a-glance-brochure-DE.pdf [Stand: 06.12.2022]

[UMWE21] Umweltbundesamt: Treibhausgasemissionen sinken 2020 um 8,7 Prozent. URL: https://www.umweltbundesamt.de/presse/pressemitteilungen/treibhausgasemissionen-sinken-2020-um-87-prozent [Stand: 17.01.2022]

[UTTI22] UTTIS Industries SRL: Haubenofen. URL: https://www.uttis.com/wp-content/uploads/2010/10/bell_furnaces.jpg [Stand: 08.12.2022]

[VARD16] Vardanjani, M. J.; Senkara, J.; Arayee, A.: A Review of Finite Element Analysis (FEA) of Resistance Spot Welding (RSW). In: Przeglad Spawalnictwa. 2016, Nr. 2

[VDI19] VDI-Richtlinie VDI2221 (2019). Methodik zum Entwickeln und Konstruieren technischer Systeme und Produkte. Blatt 1

[VDI76] VDI-Richtlinie VDI3137 (1976). Begriffe, Benennungen, Kenngrößen des Umformens

[VEHO05] Schutzrecht EP1786936A2 (23.05.2007). Vehof, R.: Verfahren zum Presshärten von Bauteilen aus Stahlblech

[WANG12] Wang, C.; Zhang, Y.; Tian, X.; Zhu, B.; Li, J.: Thermal contact conductance estimation and experimental validation in hot stamping process. In: Science China Technological Sciences. 55. Jg., 2012, Nr. 7, S. 1852–1857

[WANG21] Wang, H.; Wang, R.; Sui, S.; Sun, T.; Yan, Y.; Du, S.: Cathode Design for Proton Exchange Membrane Fuel Cells in Automotive Applications. In: Automotive Innovation. 4. Jg., 2021, Nr. 2, S. 144–164

[WEIS05] Weisheit, A.; Vitr, G.; Scheffler, S.; Wissenbach, K.: Local laser heat treatment of ultra high strength steels to improve formability. In: International Conference on Super-High Strength Steels. 2005

[WINF17] Winful, D.; Cashell, K.; Afshan, S.; Barnes, A.; Pargeter, R.: Elevated temperature material behaviour of high-strength steel. In: Proceedings of the Institution of Civil Engineers - Structures and Buildings. 170. Jg., 2017, Nr. 11, S. 777–787

[XU21] Xu, Z.; Li, Z.; Zhang, R.; Jiang, T.; Peng, L.: Fabrication of micro channels for titanium PEMFC bipolar plates by multistage forming process. In: International Journal of Hydrogen Energy. 2021, S. 11092–11103

[ZENT22] Zentrum für BrennstoffzellenTechnik ZBT GmbH: Design von Bipolarplatten. URL: https://www.zbt.de/portfolio/brennstoffzellen/bipolarplatten-und-dichtungen/design-von-bipolarplatten/ [Stand: 21.12.2022]

Während der Promotion betreute studentische Arbeiten

De Oliveira Pereira, D.: Evaluation of parameters influence on local resistive heating of high strength steel metal sheets. Bachelorarbeit. Universidade Federal da Bahia, 2018

An, Y.: Thermal simulation of electrical resistance heating of steel sheets. Masterarbeit. RWTH Aachen, 2019

Reinpold, L.: Analysis of Heating Processes for the Production of Bipolar Plates in PEM Fuel Cells. Masterarbeit. KTH Royal Institute of Technology, 2020

In der Reihe **Ergebnisse aus der Produktionstechnik** zuletzt erschienen:

Müller, Clemens:
Elektrische Widerstandserwärmung von Blechwerkstoffen zur Steigerung der Umformbarkeit
ISBN: 978-3-98555-175-0
Erscheinungsdatum: 16.10.2023

Buckhorst, Armin Friedrich:
Planung und Steuerung von Abläufen in linienlosen mobilen Montagesystemen
ISBN: 978-3-98555-174-3
Erscheinungsdatum: 26.09.2023

Scheuer, Thomas:
Fähigkeitsbündel zur Steigerung der Arbeitsproduktivität für intelligente produzierende Unternehmen
ISBN: 978-3-98555-173-6
Erscheinungsdatum: 25.09.2023

Schwarberg, Annika:
Identifizierung von Innovations-potenzialen durch die Analyse von Produktnutzungsinformationen
ISBN: 978-3-98555-169-9
Erscheinungsdatum: 17.08.2023

Heutmann, Timo:
Proactive Production Control for a Synchronized Tool Production
ISBN: 978-3-98555-164-4
Erscheinungsdatum: 03.08.2023

Schroers, Marius:
Gehörbezogene Auslegung zweistufiger Getriebe unter Berücksichtigung dynamischer Anregungseffekte
ISBN: 978-3-98555-165-1
Erscheinungsdatum: 01.08.2023

Müller, Ulrich:
Material Removal and Grinding Wheel Wear Mechanisms during Grinding of Polycrystalline Cubic Boron Nitride
ISBN: 978-3-98555-163-7
Erscheinungsdatum: 01.08.2023

Vogel, Paul-Alexander:
Entwicklung eines Prozessmodells für die nicht-isotherme vakuum-unterstützte Dünnglasumformung
ISBN: 978-3-98555-140-8
Erscheinungsdatum: 21.06.2023

Chavan, Prateek:
Substructuring Methods for Efficient Prediction of Spindle-Holder-Tool Assembly Dynamics
ISBN: 978-3-98555-160-6
Erscheinungsdatum: 05.06.2023

Ochel, Tim:
Prognostik zur Resilienzsteigerung im Werkzeugbau
ISBN: 978-3-98555-161-3
Erscheinungsdatum: 22.05.2023

Edition Wissenschaft
Apprimus

Schneidermann, Dennis:
Orchestration von Vertrauen in interorganisationalen Wissensnetzwerken der Fabrikplanung
ISBN: 978-3-98555-153-8
Erscheinungsdatum: 15.05.2023

Welsing, Martin:
Bewertung der ökologischen Nachhaltigkeit von Produktionsnetzwerkkonfigurationen
ISBN: 978-3-98555-155-2
Erscheinungsdatum: 19.04.2023

Beckers, Alexander:
Auslegung wirtschaftlich-technologisch optimierter Fertigungsprozessfolgen mittels prozessübergreifender Modellierung
ISBN: 978-3-98555-154-5
Erscheinungsdatum: 18.04.2023

Gipperich, Marius:
Untersuchung eines Zweistrahlprozesses als Ansatz zur Prozessstabilitätserhöhung des drahtbasierten Laserauftragschweißens
ISBN: 978-3-98555-151-4
Erscheinungsdatum: 15.03.2023

Motschke, Tobias:
Analyse und Modellierung der Dämpfungseigenschaften von Spindellagern
ISBN: 978-3-98555-148-4
Erscheinungsdatum: 06.03.2023

Frye, Maik:
Recommending Data Preprocessing Pipelines for Machine Learning Applications in Production
ISBN: 978-3-98555-147-7
Erscheinungsdatum: 15.02.2023

Greipel, Jonathan:
Grouping of Inspection Characteristics to Reduce Costs of Adaptive Inspection Planning in Variant Production
ISBN: 978-3-98555-157-6
Erscheinungsdatum: 03.05.2023

Troß, Nico:
Mehrskalenmodellierung der thermomechanischen Werkzeugbelastung beim Trockenwälzfräsen
ISBN: 978-3-98555-158-3
Erscheinungsdatum: 19.04.2023

Nicksch, Christoph:
Konfiguration verteilter Large-Scale Metrology Systeme in rekonfigurierbaren Montageumgebungen
ISBN: 978-3-98555-152-1
Erscheinungsdatum: 20.03.2023

Ahmad, Mubarik:
Anregungsgerechte Auslegung und Tolerierung schnelllaufender Getriebe unter Berücksichtigung kurz- und langwelliger Verzahnungsabweichungen
ISBN: 978-3-98555-130-9
Erscheinungsdatum: 06.03.2023

Priwisch, Martin:
Kontaktfreie Bahnlaufregelung zur Herstellung funktionaler Mehrlagensysteme in einem kontinuierlichen Laminierprozess
ISBN: 978-3-98555-139-2
Erscheinungsdatum: 27.02.2023

Cremer, Sven:
Controlling der Migration in Produktionsnetzwerken
ISBN: 978-3-98555-145-3
Erscheinungsdatum: 09.02.2023

Edition Wissenschaft
Apprimus

FSC
www.fsc.org
MIX
Papier | Fördert
gute Waldnutzung
FSC® C083411

Zeitfracht Medien GmbH
Ferdinand-Jühlke-Straße 7
99095 Erfurt, Deutschland
produktsicherheit@kolibri360.de